工业和信息化
人才培养规划教材

Industry And Information
Technology Training
Planning Materials

高职高专计算机系列

网页制作
实用教程（第3版）

Practical Web Design Tutorial

张淑清 ◎ 主编

庞康 李刚 ◎ 副主编

U0313572

人民邮电出版社

北 京

图书在版编目（C I P）数据

网页制作实用教程 / 张淑清主编. -- 3版. -- 北京：
人民邮电出版社，2014.9（2021.7重印）
工业和信息化人才培养规划教材. 高职高专计算机系
列
ISBN 978-7-115-36468-5

Ⅰ. ①网… Ⅱ. ①张… Ⅲ. ①网页制作工具－高等职
业教育－教材 Ⅳ. ①TP393.092

中国版本图书馆CIP数据核字(2014)第154186号

内 容 提 要

本书介绍了网页设计与制作的知识和网站开发的流程。全书共 11 章，内容包括网页制作基础、初
识 Dreamweaver CS6、 网页元素的添加、精通 CSS 样式、表格与 AP Div、使用 Div+CSS 布局、使用
框架布局、行为的应用、交互式表单、模板和库、站点的发布，并通过一个完整网站的综合实例介绍
制作网站的全过程。

本书适合作为高职高专院校"网页设计与制作"课程的教材，也可供网页制作爱好者参考使用。

◆ 主　编　张淑清
副主编　庞　康 李　刚
责任编辑　桑　珊
责任印制　杨林杰

◆ 人民邮电出版社出版发行　北京市丰台区成寿寺路 11 号
邮编　100164　电子邮件　315@ptpress.com.cn
网址　http://www.ptpress.com.cn
固安县铭成印刷有限公司印刷

◆ 开本：787×1092　1/16
印张：14.75　　　　　2014 年 9 月第 3 版
字数：387 千字　　　　2021 年 7 月河北第 4 次印刷

定价：36.00 元
读者服务热线：(010)81055256　印装质量热线：(010)81055316
反盗版热线：(010)81055315

第3版前言

随着 Internet 技术及其应用的不断发展，人们的生活和工作已经越来越离不开网络。网页是宣传一个网站的重要窗口，内容丰富、制作精美的网页才会吸引访问者浏览，这与网站生存息息相关。本书出版 9 年以来，得到了广大师生的认可，销量近三万册。近年来，网页制作技术日新月异，学生的知识结构也发生了很大的变化。根据多年的教学实践和观察，我们对本书的教学大纲和教学内容进行了大幅度的调整，力求在引进最新、最前沿的网页制作技术的同时，还能兼顾知识体系更接近高职高专学生接受能力的特点。因此，本书各章节都以新知识、新技术和活泼的实例向读者叙述网页制作的技术方法，以求深入浅出，引人入胜。

一、本书结构

全书共 11 章，建议安排 72 学时，其中上机实训为 36 学时。具体内容如下。

第 1 章　网页制作基础。介绍网页制作的基础知识和网站开发的一般流程。建议安排 2 学时。

第 2 章　初识 Dreamweaver CS6。介绍 Dreamweaver CS6 的安装、卸载及基本操作方法。建议安排 8 学时，其中上机操作 4 学时。

第 3 章　网页元素的添加。介绍如何在网页中添加文字、图像并设置超级链接等。建议安排 8 学时，其中上机操作 4 学时。

第 4 章　精通 CSS 样式。通过具体实例介绍使用 CSS 样式控制网页元素及网页外观的方法。建议安排 8 学时，其中上机操作 4 学时。

第 5 章　表格与 AP Div。通过具体实例介绍表格的布局方法和 AP Div 的布局方法。建议安排 8 学时，其中上机操作 4 学时。

第 6 章　使用 Div+CSS 布局。通过具体实例讲述网页布局的最新技术、Div+CSS 布局的优势及网页布局技术的发展趋势。建议安排 8 学时，其中上机操作 4 学时。

第 7 章　使用框架布局。介绍了框架布局的特点与作用。建议安排 6 学时，其中上机操作 4 学时。

第 8 章　行为的应用。介绍行为的作用和常见行为的使用。建议安排 8 学时，其中上机操作 4 学时。

第 9 章　交互式表单。介绍创建表单、表单元素的方法及验证表单的方法。建议安排 4 学时，其中上机操作 2 学时。

第 10 章　模板和库。介绍模板和库的作用及基本操作方法。建议安排 4 学时，其中上机操作 2 学时。

第 11 章　站点的发布。介绍网站空间的申请与域名的注册，以及网站的上传、维护与更新，并通过制作一个完整网站的综合实例，向读者介绍制作网站的全过程。建议安排 8 学时，其中上机操作 4 学时。

二、编写人员名单

参加编写的人员按照编写章节顺序有：庞康、张淑清、韦波、李刚、叶俊、刘莉莉、刘敏、贡晓静、黄恋芦。

由于作者经验和水平有限，且网页制作技术日新月异，书中不足之处在所难免，恳请广大读者批评指正。

编　者

2014 年 6 月于南宁

目 录 CONTENTS

PART 1

第 1 章
网页制作基础

情景导入

　　小白在一家网页制作公司开始了她的实习生活。为了快速了解网页制作的工作，小白开始学习网页制作的相关知识。

知识技能目标

- 认识互联网有关的基础概念。
- 了解网页的本质。
- 了解 HTML 页面的基本结构。

- 能够分析简单的网页源码。
- 能够编写简单的静态页面。

课堂案例展示

访问网页的一般过程

1.1 预备知识

1.1.1 因特网

因特网（Internet）又称网际网路或互联网、英特网，是网络与网络之间所串连成的庞大网络，这些网络以一组通用的协定相连，形成逻辑上的单一巨大国际网络。这种将计算机网络互相联接在一起的方法可称作"网络互联"，在这基础上发展出覆盖全世界的全球性互联网络称"互联网"，即是"互相连接一起的网络"。Internet 主要提供的服务有万维网（WWW）、文件传输协议（FTP）、电子邮件（E-mail）及远程登录等。

1.1.2 万维网

万维网（World Wide Web）简称 Web 或 WWW，是一个基于超文本（Hypertext）方式的信息检索服务技术，它将位于 Internet 上不同地点的相关数据信息有机地编织在一起。WWW 提供了一种良好的信息查询接口，用户仅需提出查询要求，而到什么地方查询及如何查询则由 WWW 自动完成。

Web 是我们登录 Internet 后最常用到的 Internet 的功能。我们将自己的计算机连入 Internet 后，有一半以上的时间都是在与各种各样的 Web 页面打交道。在基于 Web 方式下，我们可以浏览、搜索、查询各种信息，可以发布自己的信息，可以与他人进行实时或者非实时的交流，可以游戏、娱乐、购物等。

1.1.3 URL

URL 为"Uniform Resource Locator"的缩写，通常翻译为"统一资源定位器"，它是一个指定 Internet 上资源位置的标准，也就是人们常说的网址。其格式为：

通信协议：//服务器地址[：通信端口]/[路径]

- **通信协议**：使计算机之间能交换信息的一组规则和标准。
- **服务器地址**：指出 WWW 页面所在的服务器域名。
- **通信端口**：有时（并非总是这样）对某些资源的访问来说，需给出相应的服务器提供服务的端口号。
- **路径**：指明服务器上某个资源的位置（其格式与 DOS 系统中的格式一样，通常由"目录/子目录/文件名"这样的结构组成）。与端口一样，路径并非总是需要的。例如，http://www.sina.com.cn/ 就是典型的 URL 地址。

1.1.4 DNS

DNS 是"Domain Name Service"的缩写，通常翻译为"域名管理系统"，简称域名，它采用分层管理模式，用于将机器的名称转变成 IP 地址。

DNS 使用阶层式的命名标准。此阶层的运作方式是由右向左，右边的表示最高等级。简单的范例如图 1-1 所示。

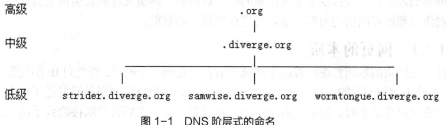

图 1-1 DNS 阶层式的命名

1.1.5 IP 地址

IP（Internet Protocol）即网际协议，是为计算机网络相互连接进行通信而设计的协议，是计算机在因特网上进行相互通信时应当遵守的规则。IP 地址是给因特网上的每台计算机和其他设备分配的一个唯一的地址。

1.1.6 浏览器

浏览器是指将互联网上的文本文档（或其他类型的文件）翻译成网页，并让用户与这些文件交互的一种软件工具，主要用于查看网页的内容。在 Windows 环境中较为流行的 Web 浏览器为微软的 Internet Explorer、Mozilla Firefox、谷歌的 Chrome，这些浏览器在性能方面各有千秋，在用户界面上也有所不同。本文的实例全部使用 IE 浏览器打开查看。

1.1.7 FTP

FTP（File Transfer Protocol）即文件传输协议，是一种快速、高效和可靠的信息传输方式，通过该协议可把文件从一个地方传输到另一个地方，从而真正实现资源共享。制作好的网页要上传到服务器上，就要用到 FTP。

1.1.8 电子邮件

电子邮件又称 E-mail，是目前 Internet 上使用最多、最受欢迎的一种服务。电子邮件是利用计算机网络的电子通信功能传送信件、单据、资料等电子媒体信息的通信方式，它最大的特点是可以在任何地方、任何时间收发信件，大大提高了工作效率，为办公自动化、商业活动提供了很大的便利。

1.1.9 HTTP

超文本传输协议（Hyertext Transfer Protocol，HTTP），它是一种最常用的网络通信协议。若想链接到某一特定的网页时，就必须通过 HTTP 协议，不论你是用哪一种网页编辑软件，无论在网页中加入什么资料，或是使用哪一种浏览器，利用 HTTP 协议都可以看到正确的网页效果。

1.1.10 HTML

HTML（Hyper Text Markup Language）即超文本标记语言，是一种用来制作超文本文档的简单标记语言，也是制作网页最基本的语言，它可以直接由浏览器执行。

1.2 网页

网页实际上就是一个文件，这个文件存放在世界上某个地方的某一台计算机中，而且这台计算机必须要与因特网相连接。网页是由网址（URL）来识别与存取的。在浏览器的地址栏中输入网页的地址后，经过复杂而又快速的程序解析后，网页文件就会被传送到计算机中，然后再通过浏览器解释网页的内容，最后展现在浏览者的眼前。

1.2.1　网页的本质

什么是网页的本质？在回答这个问题之前先请访问一个网页，首先向 IE 浏览器地址栏输入 URL 地址（例如网易的主页 http://www.163.com），这也就是向服务器发送了一个请求，当服务器接收到这个请求时，则必须做出反应，也就是反馈。之后客户端接收到了反馈信息，并在浏览器中显示所要的内容。这个过程也可以用图简单表示，如图 1-2 所示。

浏览器向 Web 服务器请求

HTML 文档传输到浏览器

图 1-2　访问网页的一般过程

网页打开了，出现在眼前的是图文并貌的网页页面。它们是怎么传过来的呢？选择 IE 浏览器页面中的"查看>源文件"命令，会弹出一个用记事本打开的文本文件（用其他浏览器，可能会在浏览器新打开一个标签显示网页源码），这就是该网页的源码，也就是所谓的网页的本质。该文件的内容是从 Web 服务器端传递过来的，如图 1-3 所示。

图 1-3　查看网页源文件

从记事本中可以看到，网页的源文件由一些类似<html>这样的标签组成。这些标签是 HTML 语言的标记。HTML 的英文全称是 Hyper Text Markup Language，直译为超文本标记语言。该语言不是一种程序设计语言，而是一种描述文档结构的标记语言。它的作用是通过一些标签来指示浏览器如何显示包含在标签中的内容。参考下面一段程序：

```
<HTML>
  <HEAD>
    <TITLE>
      My Homepage
    </TITLE>
  </HEAD>
  <BODY>
    <font color=red>
    Hello world!!
    </font>
  </BODY>
</HTML>
```

其中用"<"和">"括起来的部分（例如"title"），就是前面所说的标记（也叫标签）。HTML 语言中的标记很多，最常见的有以下 8 种。

1. HTML 标记

<html>标记放在 HTML 文件的开头，以</html>标记结尾，用以向浏览器说明该文件是 HTML 文件。

2. "文件头"标记

文件头标记是以<head>开头，以</head>结尾。一般放在<html>标记的后面，用于定义网页文档的头部。其中的元素可以引用脚本、指示浏览器在哪里找到样式表、提供元信息等。文档的头部描述了文档的各种属性和信息，包括文档的标题、在Web 中的位置以及和其他文档的关系等。

3. "文件标题"标记

标题标记为<title>和</title>，这对标记用来设定文件的标题，注释该文件的内容。浏览器通常都会将文件标题显示在浏览器窗口的左上角。

4. "文件体"标记

文件体标记为<body>和</body>，一般用来指明 HTML 文档的内容，如文字、标题、段落和列表等，也可以用来定义页面的背景颜色。

以下几个标记都是包含在 body 标记中的。

5. "标题"标记

标题标记的格式为<hn>和</hn>。（n 代表从 1~6 的数字）。此标记被用来设置标题字体的大小。HTML 准许有<h1>至<h6>这 6 级标题。

6. "字体"标记

字体标记的格式为<font>和</font>，用来设置网页中文字的各种属性，比如字体、大小、颜色等。

7. "表格"标记

表格标记的格式为<table>和</table>，用来在网页中插入表格，表格在网页中的应用十分广泛，除了用以显示数据外，还可以使用它来进行网页布局，实现网页元素定位。在<table>和</table>标签中，还可以使用<tr>和</tr> 标记定义表格行，<th>和</th>标记定义表头，<td>和</td>标记定义表格单元。

8. "图片"标记

图片标记的格式为<img src=#>（#代表图片的 URL），用于在网页中显示图片。要注意图片标记与上面的几个标记不同，它没有结尾标记。

HTML 文档结构如图 1-4 所示。

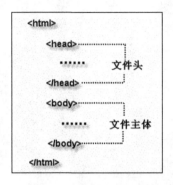

图 1-4　HTML 文档结构

用记事本编辑上文提到的 HTML 代码，并保存为"My Homepage.html"，如图 1-5(a)所示。然后用浏览器打开该文件（直接双击文件图标），得到如图 1-5(b)所示的结果。

图 1-5（a）　用记事本查看网页

图 1-5（b）　用浏览器打开网页

从图 1-5（a）中可以看到，在<font>标记里有"color=red"代码，用于指明字体的颜色是红色。标记中用来修饰标记内容的部分叫做标记属性，color 就是 font 标记中修饰字体颜色的属性。属性是用来修饰标记的，通过对属性赋予不同的值，可使网页显示不同的风格。

HTML 的规则很多，用户不需要全部掌握，能够看懂各种 HTML 标记，会给标记属性赋值就可以了。看懂 HTML 代码，不仅可以使自己制作网页时得心应手，还可以借助别人的技术来充实自己的网页。

另外，在 HTML 文件中，还可以加入脚本语言（如 JavaScript 或 VBScript），使用脚本语言，可以制作出许多网页特效。

1.2.2　静态网页与动态网页

静态网页是相对于动态网页而言的，并不是说网页中的元素是静止不动的。静态网页是指浏览器与服务器端不发生交互的网页，网页中的 Gif 动画、Flash 以及 Flash 按钮等都会发生变化。

静态网页的执行过程大致如下。

（1）浏览器向网络中的服务器发出请求，指向某个静态网页。

（2）服务器接到请求后，将传输给浏览器，此时传送的只是文本文件。

（3）浏览器接到服务器传来的文件后解析 HTML 标签，将结果显示出来。

动态网页除了具有静态网页中的元素外，还包括一些应用程序，这些程序需要浏览器与服务器之间发生交互行为，而且应用程序的执行需要服务器中的应用程序服务器才能完成。无论网页是否具有动态效果，采用动态网站技术生成的网页都称为动态网页。

静态网页与动态网页是相对应的，静态网页的 URL 后缀是以 htm、html、shtml、xml 等常见形式出现的。而动态网页的 URL 后缀是以 asp、jsp、php、 perl、cgi 等形式出现的。利用 Dreamweaver CS6 既可以创建静态网页，也可以创建动态网页。本书主要介绍创建静态网页技术。

1.2.3 网页设计的概述

网页设计是一个网页创作的过程，是根据客户需求从无到有的过程，网页设计具有很强的视觉效果、互动性、操作性等其他媒体所不具有的特点。

一个成功的网页设计，首先在观念上要确立动态的思维方式，其次要有效地将图形引入网页设计中，以提高人们浏览网页的兴趣。在崇尚鲜明个性风格的今天，网页设计应该增加个性化的因素。

网页设计并非是纯粹的技术型工作，而是融合了网络应用技术与美术设计两个方面。因此，对从业人员来说，仅掌握网页设计制作的相关软件是远远不够的，还需要有一定的美术功底和审美能力。在网络世界中，有许多设计精美的网页值得我们去学习和欣赏。

1.3 网站的一般开发流程

网站（英文名字为 website）是指在因特网上，根据一定的规则，使用 HTML 等工具将一系列内容相关的网页组织在一起，彼此之间建立联系（比如将一个公司的概况、产品和服务等做成一系列的网页，网页之间通过各种网页元素的链接达到建立联系的目的），这些网页和网页元素合起来就构成了一个网站。简单地说，网站是一种通信工具，就像布告栏一样，人们可以通过网站来发布自己想要公开的资讯，或者利用网站来提供相关的网络服务。人们可以通过网页浏览器来访问网站，获取自己需要的资讯或者享受网络服务。

1.3.1 收集资料和素材

网站里最重要的资源是文字资源和图片资源，因此大部分的收集工作应围绕这两种资源展开。资源收集的途径很多，概括说来，主要有网络资源收集、光盘资源收集和书籍资源收集三种。如果利用这三种方式都不能找到所需要的资源，那么只好请专人进行创作了。网站中不应该只使用收集来的资源，原创的内容能吸引更多的访问者。因此，虽然亲自进行创作是一件很辛苦的工作，但我们鼓励在网站建设中尽可能多地使用原创内容。

对于收集到的资源，有必要对其进行分类、整理以及编辑、处理，以使其符合自己的要求。值得一提的是，如果收集来的资源是有版权的，使用前应先与作者联系，在使用时也应署名出处。尊重版权是每一个网站制作者应遵循的原则。

1.3.2 规划站点

在创建站点之前需要对站点进行规划，站点的形式有并列、层次和网状等 3 种，需根据实际情况进行选择。

在规划站点时应按站点所包含的内容进行频道的划分，如要制作一个综合性的网站，其包含的内容非常多，如军事、文学、社会、时政、体育和情感等多个方面，在各主频道下面又有很多的小栏目，各小栏目下面又包括许多的网页，设计网站时需要考虑到各个网页的内容及版式。

1.3.3 网页的实施与细化

完成站点规划后，便可具体到每一个页面的制作。在制作网页时，首先要做的就是设计版面布局，就像传统的报刊杂志制作一样，可将网页看作一张报纸进行排版布局。版面指的是在浏览器中看到的完整的页面大小。因为不同的显示器分辨率不同，所以，同一个页面的大小可能出现 800 像素×600 像素、1024 像素×768 像素等不同尺寸。由于现在显示器的分辨率一般都在 1024 像素×768 像素以上，要达到浏览网页的最佳效果，可以设置宽为 1000 像素，网页的高度可不做限制。

布局网页就是以最适合浏览的方式将网页元素排放在页面的不同位置，这是一个创意的过程，需要一定的经验，初学者也可以参考一些优秀的网站来寻求灵感。

版面布局完成后，就可以着手制作每一个页面了，通常可从首页做起，制作过程中可以先使用表格或 AP Div 对页面进行整体布局，然后将需要添加的内容分别添加到相应的单元格中，并随时预览效果，及时调整，直到整个页面完成并达到理想的效果，然后使用相同的方法完成整个网站中其他页面的制作。

1.3.4 测试站点

在制作好网页后，不能马上发布站点，还需要对站点进行测试。站点测试可根据浏览器种类、客户端以及网站大小等要求进行测试，Dreamweaver CS6 自身具有测试站点的功能。

1.3.5 发布站点

发布站点之前需在 Internet 上申请一个主页空间，以指定网站或主页在 Internet 上的位置，然后将网站的所有文件上传到服务器空间中。上传网站通常使用 FTP（远程文件传输）软件将其上传到申请的网址目录下。使用 FTP 软件上传文件速度较快，也可使用 Dreamweaver CS6 中的发布站点命令进行上传。

1.3.6 更新和维护站点

站点上传到服务器后，并不是就一劳永逸了，网站维护人员需要每隔一段时间对站点中的某些页面进行更新，保持网站内容的新鲜感以吸引更多的浏览者，还应定期打开浏览器检查页面元素显示是否正常、各种超级链接是否正常链接等，防止网站出现浏览故障或链接故障等问题而影响访客的浏览。

另外，为了扩大网站的影响力，还需要对站点进行推广和宣传，如将网站注册到各大搜索网站中以便提高网站的访问量等。

1.4 小结

制作精美的网页，掌握基本的概念是基础，熟悉制作工具是保证，了解和掌握网页程序语言是根本。本章简明扼要地介绍了网页中常见的概念、HTML 文件的基本形式，以及网站的定位和网站的一般开发流程，为后续章节的学习打下了基础。

1.5 习题

一、填空题

1. 用浏览器访问的网页是存储在_____中的。

2. DNS 通常翻译为_____。

3. FTP 是指_____。

4. HTTP 译为_____。

二、选择题

1. HTML 语言是一种（　　　　）语言。

A. 编程　　　　　　B. 标记　　　　　　C. 地方　　　　　　D. 机器

2. URL 的意思是（　　　　）。

A. 统一资源定位符，可以用以指定表明网络上各种资源的位置

B. 仅仅是三个字母 URL

C. 连接循环线路

D. 没有明确的意义

三、判断题

1. Internet 就是人们常说的 3W，中文翻译为万维网。（　　　　）

2. 网页的本质就是指网页所包含的文字、图片等内容。（　　　　）

四、简答题

1. 网站和网页是什么关系？

2. 什么是静态网页？

3. 什么是动态网页？

4. 网站的开发流程是什么？

1.6 上机实训

1. 制作如图 1-6 所示的网页。

图 1-6　"我的第一个网页"浏览显示结果

操作步骤如下。

（1）阅读如下代码，并在记事本中进行编辑。

```
<html>
<head>
<title>我的第一个网页</title>
</head>
```

```
<body>
<p>
<table width="653" border="1" bordercolor="#0099FF" align="center">
<tr>
<td align="center" colspan="4">大家好，这是我的第一个网页。
</td>
</tr>
<tr>
    <td >a</td>
    <td width="45">o</td>
    <td width="45">1</td>
    <td width="500">网</td>
    </tr>
    <tr>
    <td>b</td>
    <td>p</td>
    <td>2</td>
    <td>页</td>
    </tr>
    <tr>
    <td>c</td>
    <td>q</td>
    <td>3</td>
    <td>制</td>
    </tr>
    <tr>
    <td>d</td>
    <td>r</td>
    <td>4</td>
    <td>作</td>
    </tr>
</table>
<br>
<center>Welcome here!
</body>
</html>
```

（2）编辑完成后将其保存为"firstweb.html"，并双击打开该文档在浏览器中浏览。

2. 浏览几个界面美观的网站（见图 1-7～图 1-9）。

（1）http://www.pta-sh.com.cn/

图 1-7 页面效果图

（2）http://www.modern-plaza.com.cn/

图 1-8 页面效果图

（3）http://www.excegroup.com/flash/

图 1-9　页面效果图

PART 2

第 2 章
初识 Dreamweaver CS6

情景导入

　　小白为了尽快掌握网页制作知识，开始学习如何利用 Dreamweaver CS6 工具设计网页。

知识技能目标

- 安装 Dreamweaver CS6 的系统要求。
- Dreamweaver CS6 的安装和卸载。
- Dreamweaver CS6 的工作环境。

- 学会安装和卸载 Dreamweaver CS6。
- 能够在 Dreamweaver CS6 中新建站点、文件和目录。

课堂案例展示

Dreamweaver CS6 安装欢迎界面

2.1 Dreamweaver CS6 介绍

Dreamweaver CS6 是世界顶级软件厂商 Adobe 推出的一套拥有可视化编辑界面，用于制作并编辑网站和移动应用程序的网页设计软件。它将可视布局工具、应用程序开发功能和代码编辑支持组合在一起，功能强大，使得各个层次的开发人员和设计人员都能够快速创建界面优美的基于标准的网站和应用程序。从对基于 CSS 的设计的支持到手工编码功能，Dreamweaver CS6 提供了专业人员在一个集成、高效的环境中所需的工具。与前几个版本比较，CS6 在界面整合和易用性方面更加贴近用户；CS6 使用了自适应网格版面创建页面，可以在发布前使用多屏幕预览审阅设计，大大提高工作效率；经过改善的 FTP 使得 CS6 能更高效地传输大型文件；"实时视图"和"多屏幕预览"面板可呈现 html5 代码。Dreamweaver CS6 可以在 Windows XP 系统下使用。

2.1.1 安装 Dreamweaver CS6 的系统要求

Dreamweaver CS6 对计算机系统的配置要求不高。

（1）Dreamweaver CS6 对 Windows 系统的要求如表 2-1 所示。

表 2-1 Dreamweaver CS6 对 windows 系统的要求

处理器	Intel® Pentium® 4 或 AMD Athlon® 64 处理器
操作系统	Microsoft® Windows® XP Service Pack 3 或 Windows 7 Service Pack 1Adobe® Creative Suite® 5.5 和 CS6 应用程序也支持 Windows 8
内存	512 MB 内存
硬盘	1GB 可用硬盘空间用于安装；安装过程中需要额外的可用空间（无法安装在可移动闪存设备上）
显示器显卡	1280×800 屏幕，16 位显卡
运行环境	Java 运行时环境 1.6
光驱	DVD-ROM 驱动器
多媒体要求	HTML5 媒体播放需要 QuickTime 7.6.6 软件
其他	该软件使用前需要激活

（2）Dreamweaver CS6 对 Mac OS 系统的要求如表 2-2 所示。

表 2-2 Dreamweaver CS6 对 Mac OS 系统的要求

处理器	Intel 多核处理器
操作系统	Mac OS X 10.6.8 或 10.7 版。当安装在基于 Intel 的系统中时，Adobe Creative Suite 5、CS5.5 以及 CS6 应用程序支持 Mac OS X Mountain Lion （v10.8）
内存	512 MB 内存
硬盘	1.8GB 可用硬盘空间用于安装；安装过程中需要额外的可用空间（无法安装在使用区分大小写的文件系统的卷或可移动闪存设备上）
显示器显卡	1280×800 屏幕，16 位显卡
运行环境	Java 运行时环境 1.6
光驱	DVD-ROM 驱动器
多媒体要求	HTML5 媒体播放需要 QuickTime 7.6.6 软件
其他	该软件使用前需要激活

2.1.2 安装 Dreamweaver CS6

安装 Dreamweaver CS6 的具体方法如下。

（1）进入安装欢迎界面，如图 2-1 所示。

图 2-1　Dreamweaver CS6 安装欢迎界面

（2）如果有序列号的话直接选择"安装"，输入序列号即可以继续安装直到安装完成。如果没有序列号，选择"试用"打开"软件许可协议"对话框，如图 2-2 所示。

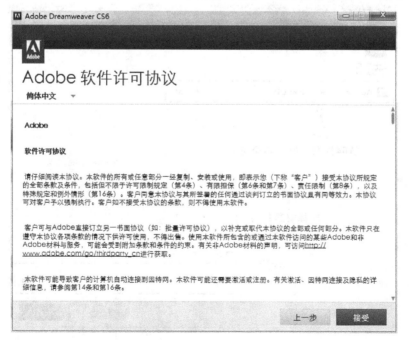

图 2-2　Dreamweaver CS6 许可协议

接受许可协议后，Dreamweaver CS6 将会要求登录 Adobe 账号来将试用注册到用户的账号中，如果已经登录 Adobe 账号直接单击"下一步"即可（如果没有 Adobe 账号可以单击"创建 Adobe ID"，输入个人信息和联系方式后，就可以创建一个 Adobe 账号），如图 2-3 所示。

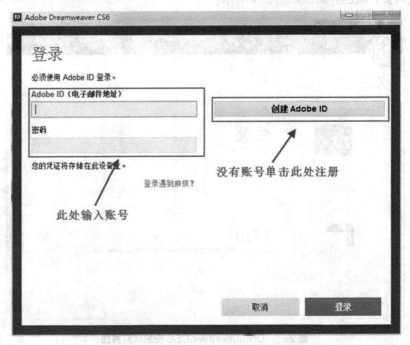

图 2-3　Dreamweaver CS6 试用登录

（3）登录操作完成后就进入了安装选项界面，如图 2-4 所示。

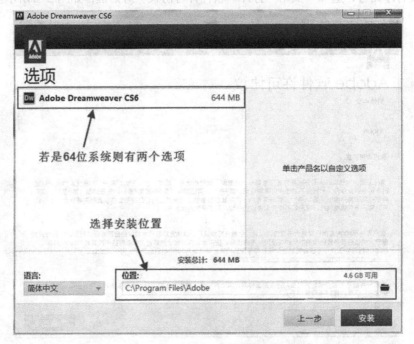

图 2-4　Dreamweaver CS6 安装选项界面

（4）单击"安装"按钮之后就可以开始安装，安装完成后出现如图 2-5 所示的提示界面。

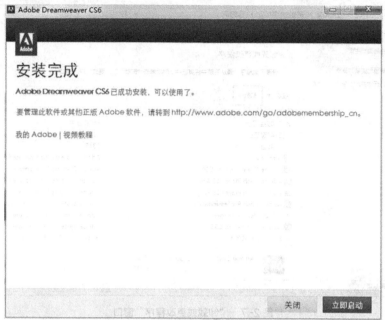

图 2-5　Dreamweaver CS6 安装完成

2.1.3　卸载 Dreamweaver CS6

如果所安装的 Dreamweaver CS6 软件出现了问题，则需要将 Dreamweaver CS6 卸载后重新进行安装。卸载 Dreamweaver CS6 的具体方法如下。

（1）打开 Windows 7 系统中的"控制面板>所有控制面板项"窗口，双击"程序和功能"选项，如图 2-6 所示。进入"卸载或更改程序"窗口，如图 2-7 所示。

图 2-6　"控制面板"窗口

图 2-7 "卸载或更改程序"窗口

（2）在列表中选择 Adobe Dreamweaver CS6，再单击"卸载"按钮，弹出"卸载选项"界面，如图 2-8 所示。

图 2-8 Dreamweaver CS6 卸载选项

（3）单击"卸载"按钮，会弹出一个"程序和功能"消息框，单击"确定"按钮后，就进入了卸载界面显示 Dreamweaver CS6 的卸载进度，如图 2-9 所示。卸载完成后，显示卸载完成界面，如图 2-10 所示，单击"关闭"按钮，完成 Dreamweaver CS6 的卸载。

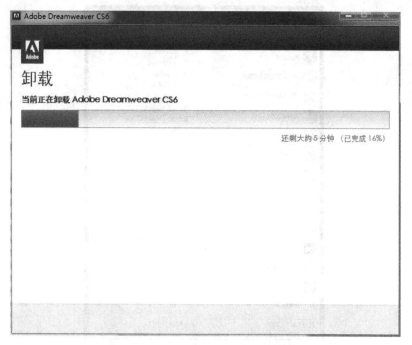

图 2-9　Dreamweaver CS6 卸载进度条

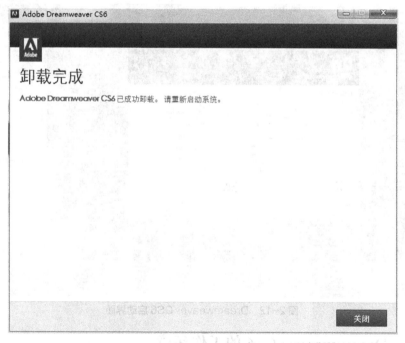

图 2-10　Dreamweaver CS6 卸载完成

2.1.4　启动 Dreamweaver CS6

用鼠标双击桌面上的快捷图标Dw，或者通过"开始 >所有程序 > Adobe Dreamweaver CS6"命令，如图 2-11 所示，即可启动 Dreamweaver CS6，启动后的界面如图 2-12 所示。

图 2-11 启动 Dreamweaver CS6

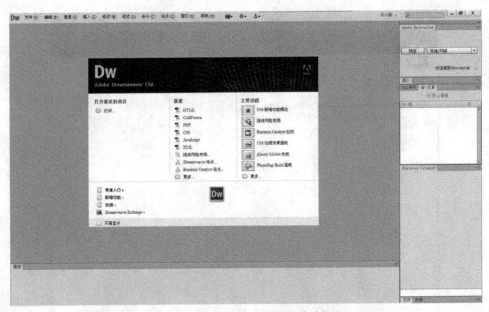

图 2-12 Dreamweaver CS6 启动界面

2.1.5 Dreamweaver CS6 的工作环境

在图 2-12 所示的 Dreamweaver CS6 启动界面中，选择"新建>HTML"，进入 Dreamweaver CS6 的工作界面，如图 2-13 所示。

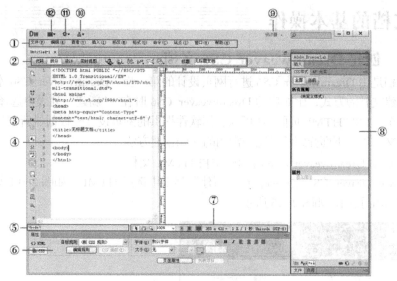

图 2-13　Dreamweaver CS6 工作界面

　　Dreamweaver CS6 提供了一个将全部元素置于一个窗口中的集成布局。这种布局更能体现出 Dreamweaver CS6 异常灵活的功能特性，不同级别和不同经验的用户都能够依靠这种应用程序的外观显著提高工作效率。Dreamweaver CS6 的工作界面主要由以下几部分组成。

① **"菜单栏"**：包含了所有 Dreamweaver CS6 操作所需要的命令。这些命令按照操作类别分为"文件""编辑""查看""插入""修改""格式""命令""站点""窗口"和"帮助"10 个菜单。

② **"文档工具栏"**：包含按钮和弹出式菜单，它们提供各种文档窗口视图，如"设计"视图和"代码"等视图和多屏幕、文件管理、调试、浏览器兼容性检查等一些常用操作。

③ **"代码视图窗口"**：在该窗口中显示当前编辑页面的相应代码。

④ **"设计视图窗口"**：在该窗口中显示所制作页面的效果，也是可视化操作的窗口，可以使用各种工具在该窗口中输入文字、插入图像等，是所见即所得的视图。

⑤ **"标签选择器"**：位于"文档"窗口底部的状态栏左侧，可显示环绕当前选定内容的标签的层次结构。单击该层次结构中的任何标签可以选择该标签及其全部内容。

⑥ **"属性"面板**：用于查看和更改选中对象的各种属性。

⑦ **"状态栏"**：在状态栏上提供了设计视图的一些辅助工具，并且还显示了当前文档的大小以及文档编码格式等相关信息。

⑧ **"面板组"**：由一系列快捷面板组成，在面板上可以快速操作网页。面板组主要包括插入面板、CSS 样式/AP 元素/标签检查器面板、数据库/绑定/组件面板和文件/资源面板等。

⑨ **"设计器"按钮**：单击该按钮，可以在弹出的菜单中选择一种设计器作为 Dreamweaver 的工作界面。

⑩ **"站点"按钮**：单击该按钮，在弹出的菜单中包括"新建站点"和"管理站点"两个选项。选择相应的选项，即可弹出相应的对话框，进行站点的相关操作。

⑪ **"扩展 Dreamweaver"按钮**：单击该按钮，在弹出的菜单中可以选择相应的选项。

⑫ **"布局"按钮**：单击该按钮，在弹出的菜单中可以选择一种 Dreamweaver 设计窗口的布局方式。

2.2 文档的基本操作

2.2.1 创建 Dreamweaver CS6 文档

创建文档是用 Dreamweaver CS6 进行网页设计的第一步。Dreamweaver CS6 本身为用户提供了多种创建文档的方式，比如启动 Dreamweaver CS6 时在 "新建"列表中选择 HTML，就可以创建一个空白的 HTML 页面，还可以利用软件提供的网页设计模板创建新文档以及从已有文件创建新文档等。下面介绍两种比较常用的文档创建方法。

✦ 在启动 Dreamweaver CS6 时创建空白 HTML 文档。

启动 Dreamweaver CS6 程序时，在"新建"列表中选择 HTML，如图 2-14 所示，创建一个空白的 HTML 页面，如图 2-15 所示。

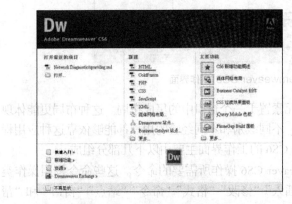

图 2-14 从欢迎屏幕创建文档   图 2-15 新建的空白文档

✦ 利用菜单创建空白文档。

通过"文件>新建"命令，如图 2-16 所示，打开"新建文档"对话框，在"空白页"的"页面类型"项目列表中选择"HTML"，然后在右边的"布局"栏中选择"无"选项，如图 2-17 所示。

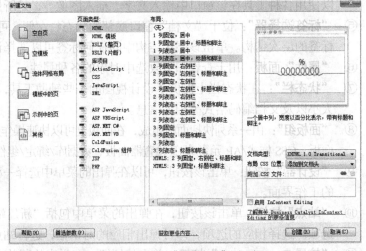

图 2-16 "文件"菜单   图 2-17 "新建文档"对话框

2.2.2 打开网页文档

启动 Dreamweaver CS6 程序后，可以打开以前保存的文件。下面介绍 4 种常用的方法。

✧ 启动 Dreamweaver CS6 程序后，在启动后的界面上单击"打开最近的项目"下的"打开"按钮，在弹出的"打开"对话框中选择需要打开的文件，单击"打开"按钮即可将选择的文件打开。

✧ 选择"文件>打开"命令，弹出"打开"对话框，从中选择需要打开的文件，单击"打开"按钮即可将选择的文件打开。

✧ 按"Ctrl+O"组合键，在弹出的"打开"对话框中选择需要打开的文件，单击"打开"按钮即可将选择的文件打开。

✧ 在磁盘中双击需要打开的文件即可将其打开。

2.2.3　保存网页文档

保存 Dreamweaver CS6 文档的方法有许多，在此介绍两种简便的方法。

✧ 如果文件是第一次保存，选择"文件>保存"命令，如图 2-18 所示，打开"另存为"对话框，如图 2-19 所示。在该对话框中为网页文档选择存储的位置和文件名，并选择保存类型，如"HTML Documents"，设置完成后，单击"保存"按钮即可将文件进行保存。

✧ 利用"Ctrl+S"组合键保存 Dreamweaver 文档，在弹出的"另存为"对话框中设置文档的保存路径和文件名称，并选择保存类型，单击"保存"按钮即可。

图 2-18　"文件"菜单

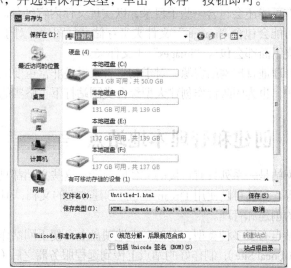

图 2-19　"另存为"对话框

2.3　网页文件的命名规则

对于一个网站来说，名字非常重要。由于这些文件将来都要上传到网络服务器上，所以这些文件名需要能被网络服务器识别。由于各种网络服务器对于文件名都有特殊的规定，因此在取名时要注意。一般来说，网络上目前最流行的 Web 服务器(IIS、Apache)大致都架设在 UNIX、Windows 和 Linux 这三种操作系统上。UNIX 认为英文字母大小写是不同的，但是在 Windows 上无论英文字母大写或小写都视为相同。Linux 对文件名的大小写没有太严格的规定，但是大致上是比较倾向于 UNIX。

2.3.1 网页的命名规则

命名网页时为了省去潜在的麻烦，应遵循如下的命名原则。

✧ 所有的文件名一律使用英文小写，这样就不会因为服务器系统不同而混淆。

✧ 不要使用中文命名。

✧ 不要在文件名中加入空格，虽然这并不会给网站功能带来麻烦（空格会自动转换为"%20"符号），但是这在浏览文件名时会产生不便。

✧ 避免在文件名中使用特殊符号，如"&""#"或者"？"，这些符号会由于 Web 服务器的曲解而给网站带来问题。

2.3.2 文件夹的命名规则

在网站中，与文件紧密相关的另一个部分就是文件夹。不要将网站资源全部放在网站根目录下，这样只会让你的时间在不断上下滚动文件列表中消耗掉。网站资源应该按照事先的组织（明确的文档化），按照不同文件夹进行分类存放。

和文件一样，文件夹的命名方式也应该遵循网页文件的命名原则。文件应该通过文件夹进行分类保存，比如，网站的全部图片都应该存储在"images"文件夹中。同样，全部的脚本文件，比如 JavaScript、VBScript 等，应该保存在一个叫做"scripts"或其他类似名称的文件夹中。如果网站中包含了购物区，那么相关的文件应该保存在"storefront"或类似文件夹中。这些顶级目录有可能还会包含一些子目录，以实现文件内容细分。比如上面提到的"storefront"文件夹里面可能会包含"images"文件夹来存储产品图片。对于有些复杂的网站来说，可能每个分类文件夹下面都会包含"images"子文件夹。

合理地管理网站资源，对于初学者来说是非常重要的，良好的建站习惯不仅方便日后的网站维护，也为团队合作创建大型综合类网站打下了坚实的基础。

2.4 创建和管理本地站点

网站是一系列具有链接的文档的组合，这些文档都具有一些共性，如相关的主题、相似的设计等。虽然可以使用 Dreamweave 创建独立的文档，但是 Dreamweaver 更强大的功能在于对站点的创建和管理。

站点有很多种类型，存储在本地硬盘上，便于网站作者进行编辑和预览的站点称之为本地站点（Local Site）；制作好的站点上传到远程服务器之后（或者直接在远程服务器上进行编辑的站点），就成为了远程站点（Remote Site）；这样远程站点就可以由访问者通过 Web 浏览器进行访问，此时的站点对于访问者来说就是 Web 站点（Web Site）。

2.4.1 使用"站点定义向导"来定义一个本地站点

【实例 2-1】使用"站点定义向导"创建一个名为"风生水起•北部湾"的本地站点。其具体操作如下。

（1）启动 Dreamweaver CS6 程序，选择"站点>新建站点"命令，弹出如图 2-20 所示的对话框。

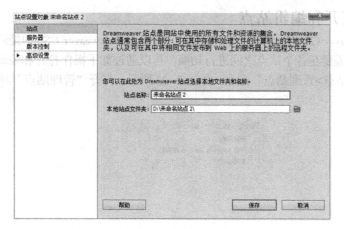

图 2-20　新建站点对话框

（2）在对话框中输入站点名称，选择本地站点文件夹。在本例中输入"风生水起•北部湾"，然后选择本地站点文件夹为"H：\web\"，如图 2-21 所示。

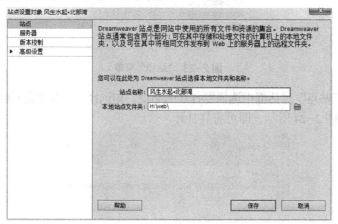

图 2-21　定义站点名称和存储位置

（3）单击"保存"按钮，结束一个本地站点的创建，如图 2-22 所示。目前我们新创建的站点中还不包含任何文件，否则就可以将"文件"面板当成 Windows 系统中的资源管理器，对站点的所有文件和文件夹进行打开、删除、复制和粘贴等操作。

图 2-22　"文件"面板

2.4.2 打开和编辑站点

在 Dreamweaver CS6 中可以定义多个站点，但是 Dreamweaver CS6 只能同时对一个站点进行处理，这样就需要在各个站点之间进行切换。可以通过如下操作打开和编辑站点。

（1）选择"站点>管理站点"命令，如图 2-23 所示，打开"管理站点"对话框，如图 2-24 所示。

图 2-23 "站点"菜单

（2）在"管理站点"对话框中选择要打开的站点，如选择"风生水起•北部湾"站点，单击"完成"按钮，如图 2-24 所示，即可将其打开。

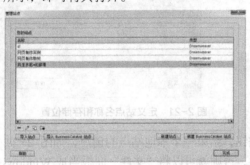

图 2-24 "管理站点"对话框

（3）如果要对站点进行编辑，可在选择站点名称后单击"编辑当前选定的站点"按钮，如图 2-25 所示，即可打开"站点设置对象"对话框，如图 2-26 所示。

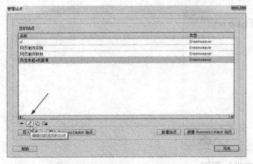

图 2-25 "管理站点"对话框

图 2-26 "站点设置对象"对话框

（4）完成编辑后，单击"保存"按钮，返回"管理站点"对话框，单击"完成"按钮，结束对站点的编辑，如图 2-27 所示。

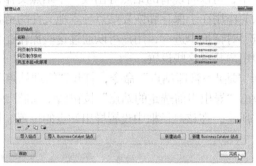

图 2-27　"管理站点"对话框

2.4.3　复制和删除站点

在 Dreamweaver CS6 中复制站点的主要作用就是如果要创建一个站点，而它的基本设置都相同，那么为了减少重复劳动，即可使用复制站点行为。而删除站点，就是将不需要的站点删除，但从站点列表中删除 Dreamweaver 站点及其所有设置信息并不会将站点文件从计算机中删除。

（1）复制站点。选择"站点>管理站点"命令，打开"管理站点"对话框，从中选择一个站点的名称，然后单击"复制当前选定的站点"按钮，如图 2-28 所示，即可将选择的站点进行复制，完成后的效果如图 2-29 所示。

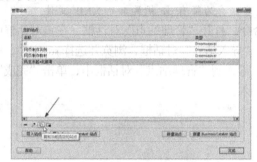

图 2-28　"管理站点"对话框

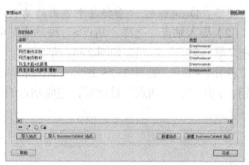

图 2-29　复制站点后的效果

（2）删除站点。在打开的"管理站点"对话框中选择不需要的站点，单击"删除当前选定的站点"按钮，如图 2-30 所示，在弹出的确认删除信息对话框中单击"是"按钮，如图 2-31 所示，即可将选中的站点删除。

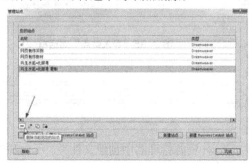

图 2-30　"管理站点"对话框

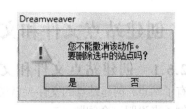

图 2-31　确认删除信息对话框

2.4.4 导出和导入站点

在 Dreamweaver CS6 中，可以将现有的站点导出成一个站点文件，也可以将站点文件导入成一个站点。导出、导入的作用在于保存和恢复站点与本地文件的链接关系。导出和导入站点的操作都是在"管理站点"对话框中进行，用户可以通过这些操作在各个计算机和产品版本之间移动站点，或者与其他用户共享这些设置。

（1）导出站点。 选择"站点>管理站点"命令，打开"管理站点"对话框。选择要导出的一个或多个站点，然后单击"导出当前选定的站点"按钮 ，如图 2-32 所示，打开"导出站点"对话框，如图 2-33 所示，在该对话框中设置导出站点的位置，设置完成后单击"保存"按钮即可将站点导出。

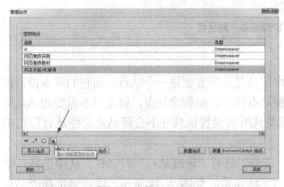

图 2-32 "管理站点"对话框

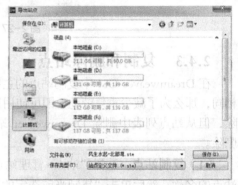

图 2-33 "导出站点"对话框

> **提示：** Dreamweaver 会将每个导出的站点设置保存为带有 .ste 扩展名的 XML 文件。

（2）导入站点。 选择"站点>管理站点"命令，打开"管理站点"对话框。在该对话框中单击"导入站点"按钮，如图 2-34 所示，打开"导入站点"对话框，浏览并选择 .ste 文件，单击"打开"按钮，如图 2-35 所示，即可将站点导入到"管理站点"对话框中，单击"完成"按钮，关闭"管理站点"对话框，完成站点的导入。

图 2-34 "管理站点"对话框

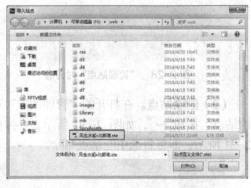

图 2-35 "导入站点"对话框

2.5 创建站点文件和文件夹

2.5.1 创建站点文件和文件夹

有了站点，创建站点的文件夹就类似于在 Windows 资源管理器中创建文件夹。下面我们用一个例子来说明这个问题。

【实例 2-2】在站点"风生水起•北部湾"下，创建网站的目录结构。其具体操作步骤如下。

（1）在"文件"面板中选择站点名称"风生水起•北部湾"，然后单击鼠标右键，在弹出的快捷菜单中选择"新建文件夹"选项，如图 2-36 所示，在出现的文件夹的名称栏中输入"images"，"images"文件夹就创建完成了。

（2）用同样的方法创建文件夹"flash""chengshi""wenhua"等。

（3）在"文件"面板中选择站点名称"风生水起•北部湾"的本地目录 H：\web 后单击鼠标右键，在弹出的快捷菜单中选择"新建文件"选项，在面板中出现的  `untitled.ht` 位置输入"index.html"，按回车键，即创建了"index.html"主页文件。

（4）重复步骤（3）的方法，再创建文件"face.html"等页面，得到如图 2-37 所示的一级目录结构。

图 2-36 创建站点文件夹

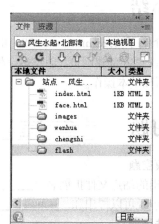

图 2-37 "风生水起•北部湾"站点

（5）根据需要，还可以在一级栏目的文件夹下，用上述方法创建二级栏目对应的文件和文件夹，甚至创建三级目录结构。

2.5.2 文件或文件夹的移动与复制

在"文件"面板中，可以利用剪切、复制和粘贴等操作来实现对文件或文件夹的移动和复制，也可以选择"编辑"菜单中的相应命令，或直接用鼠标拖动来实现，具体操作步骤如下。

（1）在"文件"面板中选中要移动（或复制）的文件或文件夹，单击鼠标右键，在弹出的快捷菜单中选择"编辑>剪切（或复制）"命令。

（2）打开目标文件夹，单击鼠标右键，在弹出的快捷菜单中选择"编辑>粘贴"命令，文件或文件夹即被移动或复制到相应的文件夹中。

2.5.3 删除文件或文件夹

在本地站点中删除文件或文件夹的操作如下。

在"文件"面板中选中要删除的文件或文件夹，单击鼠标右键，在弹出的快捷菜单中选择"编辑>删除"命令，或直接按"Delete"键。此时，会弹出如图 2-38 所示的提示对话框，询问是否要删除所选的文件或文件夹，单击"是"按钮即可将文件或文件夹从本地站点中删除。

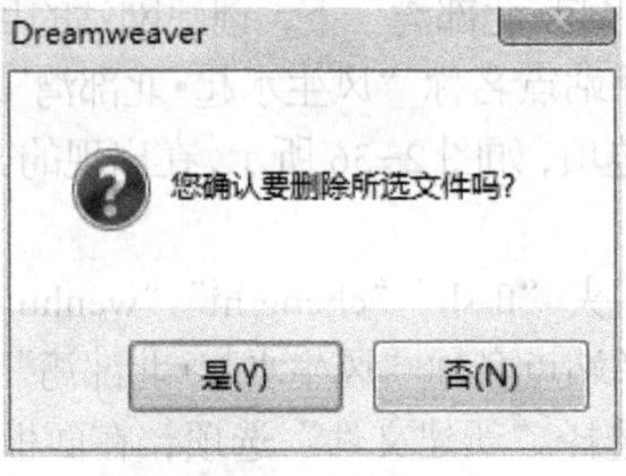

图 2-38　删除文件对话框

2.6　小结

本章介绍了 Dreamweaver CS6 的安装与卸载、Dreamweaver CS6 的工作界面、利用 Dreamweaver CS6 创建网页、创建站点和管理站点等内容，意在引导读者熟悉 Dreamweaver CS6 的开发界面和基本操作。

2.7　习题

一、填空题

1. 导出的站点文件扩展名是＿＿＿＿＿＿＿。

2. 站点既可以导出和＿＿＿＿＿＿＿，也可以复制和＿＿＿＿＿＿。

二、选择题

1. 在 Dreamweaver CS6 中制作网站的第一步应该是（　　）。

A. 创建空白文档　　　　　　B. 设计制作主页

C. 定义站点　　　　　　　　D. 编辑文档

2. Dreamweaver CS6 的面板组包括（　　）。

A. 创建空白文档　　　　　　B. 设计制作主页

C. 定义站点　　　　　　　　D. 编辑文档

3. Dreamweaver CS6 安装在 Windows 系统上，最低的内存要求是（　　）。

A. 1GB　　　　　　　　　　B. 2GB

C. 512MB　　　　　　　　　D. 256MB

4. Dreamweaver CS6 提供了（　　）种编辑环境。

A. 1　　　　　　　　　　　B. 2

C. 3　　　　　　　　　　　D. 4

三、判断题

1. 在使用网络上收集而来的资源时不需要注意版权问题。　　　　　　（　　　）

2. 远程站点和 Web 站点在物理上实际指的是同一站点。　　　　　　（　　　）

3. 网站需要有域名和远程空间后才能进行发布。　　　　　　　　　　（　　　）

4. 命名网页时应该尽量使用中文，以方便识别。　　　　　　　　　　（　　　）

四、简答题

1. 网页文件和文件夹的命名有何要求？

2. 如何导出或导入一个站点？

2.8　上机实训

1. 参照本章实例 2-2，在 Dreamweaver CS6 中建立站点"风生水起·北部湾"及一级目录结构。

2. 根据如下栏目的划分，为站点创建二级、三级目录结构。

	一级栏目	二级栏目	三级栏目
引页 （index.html）	首页	无	无
	北部湾概念	旅游资源 （lyzy.html）	无
		战略地位 （zldw.html）	无
		规划纲要 （ghgy.html）	无
	北部湾城市	北海 （beihai.html）	无
		南宁 （nn.html）	南湖（nh.html） 会展中心（hzzx.html）
		钦州 （qinzhou.html）	无
		防城港 （fangcheng.html）	无
	经济合作论坛	第七届 （diqij.html）	无
		第六届 （diliuj.html）	无
		第五届 （diwuj.html）	无
	北部湾文化	东盟博览会 （dmblh.html）	无
		民歌艺术节 （mgysj.html）	无

3. 将创建好的站点导出到桌面。

PART 3

第 3 章
网页元素的添加

情景导入

　　小白已经学会了在 Dreamweaver CS6 中新建站点，现在小白开始考虑学习制作网页，首先从添加网页元素开始。

知识技能目标

- 了解在网页中添加文字的几种方法。
- 理解网页中 URL 的含义。
- 理解超链接的作用。

- 能够在网页中添加文字、图片和超链接。
- 会正确地使用相对路径。

课堂案例展示

鼠标经过图像

3.1 编辑文字

文字是网页的主体，是构成网页的重要元素。在 Dreamweaver CS6 中添加文本的方法与在 Word 中的做法十分相似。

3.1.1 添加文本

在 Dreamweaver CS6 中添加文本有两种方法：一是直接通过键盘输入；二是导入已有的文档。当然，也可以将其他程序窗口里的文本复制到网页中。

【实例 3-1】将本书附带的实例文件"web\d3\第七届泛北部湾经济合作论坛.doc"文档添加到当前正在编辑的空白页面中，并将其保存为"web\d3\3-1.html"，具体操作如下。

（1）选择"文件>导入>Word 文档"命令，如图 3-1 所示，弹出"导入 Word 文档"对话框，如图 3-2 所示。

图 3-1 "文件"菜单　　　　　　　　图 3-2 "导入 Word 文档"窗口

（2）在"导入 word 文档"对话框中选择"第七届泛北部湾经济合作论坛.doc"文档，单击"打开"按钮，文档内容即被添加到当前页面中，图 3-3 所示为添加文档前的空白页面，图 3-4 所示为导入文档后的页面。

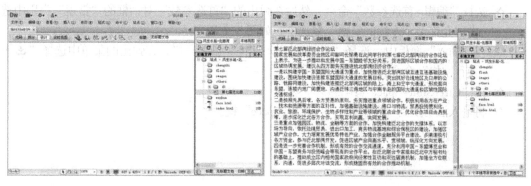

图 3-3 空白文档　　　　　　　　图 3-4 导入 word 文档效果图

（3）选择"文件>保存"命令，在弹出的"另存为"对话框中，将文件保存到站点"风生水起•北部湾"下的"web\d3"文件夹中，并将其命名为"3-1.html"，如图3-5所示。

图3-5 "另存为"对话框

3.1.2 插入空格

在Dreamweaver CS6中处理文本，尽管与Word十分相似，但还是有许多不同之处。例如，在编辑窗口中，默认状态下，按Space键只能插入一个半角空格。若想在文档中插入更多的连续空格，则要选择以下方法之一。

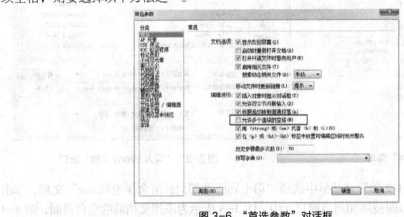

图3-6 "首选参数"对话框

✧ 选择"编辑>首选参数"命令，然后在弹出的"首选参数"对话框的"常规"类别中选中"允许多个连续的空格"复选框，如图3-6所示。

✧ 在"插入"面板中，选择"常用>文本>字符"子工具栏，在弹出的菜单中选择"⤓不换行空格"命令，如图3-7所示。

✧ 按"Ctrl+Shift+Space"组合键。

✧ 将输入法切换到全角状态，直接按"Space"键。

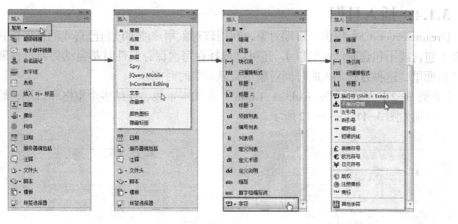

图 3-7 "插入"面板

3.1.3 插入水平线

水平线对组织信息很有用。在页面上，可以使用一条或多条水平线以可视方式分隔文本和对象。在文档中插入水平线的方法很简单，只要将插入点放在要插入水平线的位置，然后执行下列操作之一即可。

❖ 选择"插入>HTML>水平线"命令，如图 3-8 所示。

❖ 在"插入"面板的"常用"子工具栏中单击"▨ 水平线"按钮，如图 3-9 所示。

图 3-8 "插入"菜单

图 3-9 "插入"面板

利用"属性"面板可以对水平线的属性进行修改，如修改水平线的高、宽、对齐方式和阴影效果等，如图 3-10 所示。

图 3-10 "属性"面板

3.1.4 插入日期

Dreamweaver CS6 提供有日期对象，利用该对象用户能够以自己喜欢的任何格式插入当前日期（包含或不包含时间都可以），还可以选择在每次保存文件时都自动更新该日期。注：在html 页面里，这种方式加入的时间对象不会显示实时时间。

【实例 3-2】为文件"web\d3\3-1.html"添加水平线、连续多个空格和日期，原文件和页面效果分别如图 3-11、图 3-12 所示。

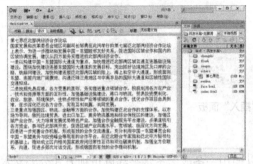

图 3-11　原文件

图 3-12　页面效果

（1）在"文件"面板中单击站点"风生水起•北部湾"下的"web"文件夹，打开其子文件夹"d3"中的文件"3-1.html"。

（2）在"设计"视图中，将光标定在"第七届泛北部湾合作论坛"后，然后根据 3.1.3 小节"插入水平线"的方法，插入水平线。

（3）将光标定在"第七届泛北部湾合作论坛"后，根据 3.1.2 小节"插入空格"的方法，插入数个空格。

（4）选择"插入>日期"命令，或者在"插入"面板的"常用"子工具栏中单击 ⊟ 日期 按钮，如图 3-13 所示。

（5）在弹出的"插入日期"对话框中，选择星期格式、日期格式和时间格式，如图 3-14 所示。

图 3-13　"插入"面板

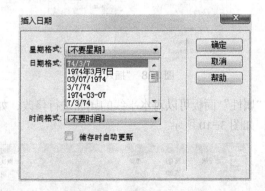

图 3-14　"插入日期"对话框

（6）如果希望在每次保存文档时都更新插入的日期，请勾选"储存时自动更新"选项。

（7）单击"确定"按钮，日期便以选定的格式出现在指定位置。

（8）将文件另存为"3-2 .html"，存于原文件夹 d3 中。

3.1.5 修改字体组合列表

默认情况下，Dreamweaver CS6 提供的字体样式很有限，通过"修改>字体家族"命令，用户可以打开"编辑字体列表"对话框设置字体组合。Dreamweaver CS6 中的字体组合是指页面中的字体在用户计算机上显示时的排列顺序，例如"华文行楷、黑体、仿宋体"这个组合表示如果用户计算机上安装有华文行楷字库，则显示为华文行楷，否则就以黑体显示，最后才是以仿宋体显示。

【实例 3-3】创建一个"方正宋一简体、隶书、黑体"的字体组合，具体操作如下。

（1）在 Dreamweaver CS6 文档窗口中，单击"属性"面板上的 ▉▉ CSS 按钮，再单击"字体"右边的下三角按钮，在弹出的菜单中选择"编辑字体列表"选项，如图 3-15 所示。此时将打开"编辑字体列表"对话框，如图 3-16 所示。

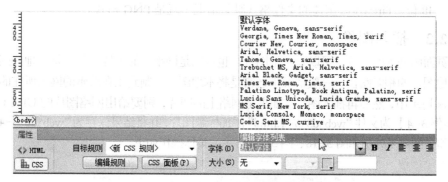

图 3-15 "字体"弹出菜单

（2）在"编辑字体列表"对话框右下方的"可用字体"区域选择"方正宋一简体"。

图 3-16 "编辑字体列表"对话框

图 3-17 "编辑字体列表"对话框

（3）单击 《 按钮，则选择的"方正宋一简体"出现在对话框左下侧的"选择的字体"区域中。同时在"字体列表"区域中出现了新添加的字体，如图 3-17 所示。

（4）重复（2）、（3）步骤，再将"隶书"和"黑体"添加到字体列表中，这样就得到由 3 种字体组成的有先后顺序的一组字体组合。

3.2 添加图像

图像元素是网页不可或缺的重要组成部分。设计精美的网页是离不开图像的，图像能使网页更加生动多彩，它远比无形的文字和声音含义丰富。因此，恰当利用图像是网页设计的关键。

3.2.1　Web 图像格式

目前，网页中使用的图像格式主要有 GIF、JPEG（包括 JPG 和 JPEG）和 PNG 三种。

- ◇ **GIF（图形交换格式）**：最多只能显示 256 种颜色，可以制作网络动画及透明图像。GIF 适合于色彩要求较低的导航条、按钮、图标和项目符号等。
- ◇ **JPEG（联合图像专家组标准）**：是 24 位的图像文件格式，图片压缩率可调节，可显示 1 670 多万种颜色。JPEG 适合于对色彩要求较高，同时对存储空间或网络传输速度要求也较高的风景画、照片等。
- ◇ **PNG（可移植网络图形）**：是一种替代 GIF 格式的无专利权限制的格式，它包括对索引色、灰度、真彩色图像以及 Alpha 通道透明的支持。PNG 文件具有较大的灵活性并且文件较小，对于几乎任何类型的 Web 图形都是最适合的。PNG 用来存储灰度图像时，灰度图像的深度可多到 16 位；存储彩色图像时，彩色图像的深度可多到 48 位。Fireworks 创建的文件格式默认情况下就是 PNG 格式。

3.2.2　插入图像

在页面中插入的图片，可以是本地图片，也可以是网络上的图片。如果是本地的图片，要给出本地图片的相对路径。一般情况下通常是将本地图片复制到正在编辑的网页所在的目录下的 images 目录中，然后再插入图片。如果是网络上的图片，则要给出网络图片的 URL（网址）。

【实例 3-4】为文件 "web\d3\3-1.html" 添加标题图片，并将结果保存为 "web\d3\3-4.html"。原文件和页面效果分别如图 3-18、图 3-19 所示，具体操作如下。

图 3-18　原文件

图 3-19　页面效果

（1）在"文件"面板中选择站点"风生水起•北部湾"，打开"web\ d3\3-1.html"文件。

（2）将光标定在文章的标题前，选择"插入>图像"命令，或在"插入"面板的"常用"类别中单击 🖼️ ▾ 图像 按钮，如图 3-20 所示，打开"选择图像源文件"对话框，如图 3-21 所示。

图 3-20 "插入"面板

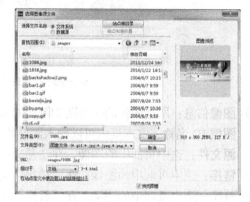

图 3-21 "选择图像源文件"对话框

（3）"选择图像源文件"对话框的设置如图 3-22 所示。

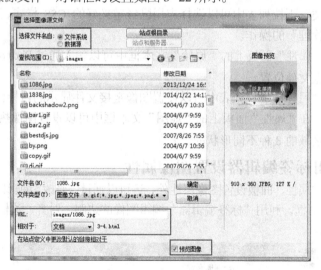

图 3-22 "选择图像源文件"对话框

● **"选择文件名自"**：选择默认的"文件系统"选项。如果选择"数据源"选项，则将结合后台程序使用。

● **"查找范围"**：在其下拉列表中浏览并选择图像文件。

● **"URL"** 与 **"相对于"** 搭配使用，当从"相对于"下拉列表中选择"文档"选项时，"URL"显示的就是相对路径；当从"相对于"下拉列表中选择"站点根目录"选项时，"URL"显示的就是绝对路径。

● 勾选**"预览图像"**选项，可以在右边的"图像预览"区域预览图像。

3.2.3 图像的"属性"面板

将图像插入到指定位置后，可以利用"属性"面板设置图像的属性，以便达到最佳效果，图 3-23 所示为选取图像后的"属性"面板。

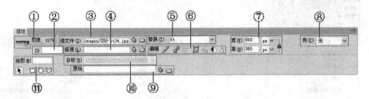

图 3-23 图像的"属性"面板

① **图像信息**：所选图像的缩略图和图像的大小等。
② **图像 ID 名称**：文本框内可以输入图像的名称，以便将来使用行为时调用该文件。
③ **源文件**：选中页面中的图像，在"源文件"文本框中可以输入图像的源文件位置。
④ **链接**：选中页面中的图像，在"链接"文本框中可以输入图像的链接地址。
⑤ **替换**：选中页面中的图像，在"替换"文本框中可以输入图像的替换说明文字。
⑥ **编辑**：选中页面中的图像，在"编辑"属性中单击相应的按钮对图像进行编辑。
⑦ **图像尺寸**：用于调整选中图像的宽和高的尺寸。
⑧ **类**：在"类"下拉列表中可以选择应用已经定义好的 CSS 样式表，或者进行"重命名"和"管理"的操作。
⑨ **原始**：在"属性"面板上的"原始"文本框中可以输入通过 Photoshop 或 Fireworks 编辑的图像文件位置。
⑩ **目标**：在"目标"下拉列表中可以设置图像链接文件显示的目标位置。
⑪ **图像热点**：在"属性"面板上的"地图"文本框中可以设置图像热点集，其下面则是创建热点区域的 3 种不同形状的工具。

3.2.4 利用标签编辑器设置图像属性

除了可以利用"属性"面板设置图像属性外，还可以通过"修改>编辑标签"命令打开"标签编辑器-img"对话框，利用"标签编辑器"编辑图像的边距、对齐、边框和低解析度源等属性，如图 3-24 所示。

图 3-24 "标签编辑器-img"对话框

① **水平间距与垂直间距**：设置图像的水平间距与垂直间距。"垂直间距"是图像在垂直方向与文本或其他页面元素的间距。"水平间距"是图像在水平方向与文本或其他页面元素的间距。

② **边框**：设置图像边框，即设置环绕图像四周边框的宽度，单位是像素。如果输入 0，则表示没有边框。

③ **对齐**：设置图像的对齐属性，如图 3-25 所示。"对齐"下拉列表中的各选项含义如下。

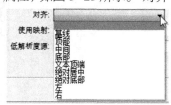

图 3-25 "对齐"下拉列表

- **"默认值"**：默认为基线对齐方式。
- **"基线"**：图像与文本或其他对象的基线对齐。
- **"顶部"**：图像顶部与当前行中最高的元素（文本或其他对象）对齐。
- **"中间"**：图像中部与当前行对象基线对齐。
- **"底部"**：图像与文本或其他对象的底部对齐。
- **"文本顶端"**：图像与当前行中最高的字母对齐。
- **"绝对居中"**：图像与当前行中的对象绝对中部对齐。
- **"绝对底部"**：图像与当前行中的对象绝对底部对齐。
- **"左"**：图像放置在对象的左边。
- **"右"**：图像放置在对象的右边。

④ **低解析度源**：设置图像的低解析度源。如果显示的图像很大，浏览器要花很长的时间下载。若能事先为它指定一个低分辨率的图像副本，那么浏览器就会先下载其副本，并在浏览器中显示出来，然后下载网页上的其他元素。当内容全部下载完成时，浏览器将会再去下载较大的图像。这时用户就可以选择是否继续下载图像，或者转到其他页面去浏览，这样可以节省用户浏览网页的时间，又能保证网页的完整性。可以在"低解析度源"文本框中设置当前图像的低分辨率副本的路径。

3.2.5 创建鼠标经过图像

"鼠标经过图像"是网页特效中的一种，通常被应用在链接的按钮上。它的效果是：当鼠标光标经过一个图像时，该图像将被另一幅图像代替；当鼠标光标从图像上移走的时候，原图像恢复；单击鼠标，将跳转到其链接的页面。一般情况下，要通过 JavaScript 脚本才能实现互动效果。不过在 Dreamweaver CS6 中，可以通过设置相应选项，自动创建互动效果。

1. 创建鼠标经过图像

可以通过以下步骤实现创建鼠标经过图像。

（1）选择"插入>图像对象>鼠标经过图像"命令，如图 3-26 所示，或在"插入"面板的"常用"类别中单击 图像 按钮，选择"鼠标经过图像"命令，如图 3-27 所示。

图 3-26 "插入"菜单　　　　　　　　　　图 3-27 "插入"面板

（2）在弹出的"插入鼠标经过图像"对话框中进行相应的属性设置，如图 3-28 所示。

2. "插入鼠标经过图像"对话框

图 3-28 "插入鼠标经过图像"对话框

"插入鼠标经过图像"对话框中的各选项含义如下。

① **图像名称**：在"图像名称"文本框中输入鼠标经过图像的名称。

② **原始图像**：在"原始图像"文本框中输入原始图像的地址，或者单击该文本框后的"浏览"按钮，选择一个图像作为原始图像。

③ **鼠标经过图像**：在"鼠标经过图像"文本框中输入鼠标经过图像的地址，或者单击该文本框后的"浏览"按钮，选择一个图像作为鼠标经过图像。

④ **替换文本**：在"替换文本"文本框中输入鼠标经过图像的替换说明文字内容。

⑤ **按下时，前往的 URL**：在该文本框中可以设置单击该鼠标经过图像时跳转到的链接地址。

【实例 3-5】制作鼠标经过图像。

（1）选择"文件>打开"命令，打开本书附带的实例文件"web\d3\3-5.html"。页面效果如图 3-29 所示。

图 3-29 页面效果

（2）将光标移至图片中的空白处，将多余文字删除，在"插入"面板的"常用"类别中单击 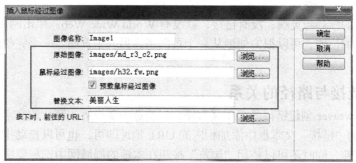 图像按钮，在弹出的菜单中选择"鼠标经过图像"选项，弹出"插入鼠标经过图像"对话框，设置如图 3-30 所示。设置完成后，单击"确定"按钮，即可在光标所在位置插入鼠标经过图像，如图 3-31 所示。

图 3-30 "插入鼠标经过图像"对话框

图 3-31 页面效果 1

（3）使用相同的方法，可以在页面中插入其他的鼠标经过图像，效果如图 3-32 所示。

图 3-32 页面效果 2

（4）选择"文件>保存"命令，保存该页面，在"实时视图"中浏览该页面的效果，当鼠标移至设置的鼠标经过图像上时，效果如图 3-33 所示。

图 3-33 预览效果

3.3 超级链接

链接是网络的核心与灵魂，没有链接，就没有 World Wide Web。单击网页中的超级链接，即可跳转至相应的位置，可以很方便地从一个页面到达另一个页面。一个完整的网站往往包含了相当多的链接。

3.3.1 链接与路径的关系

使用 Dreamweaver 创建链接既简单又方便，只要选中要设置成链接的文字或图像，然后在"属性"面板上的"链接"文本框中添加相应的 URL 地址即可，也可以拖动指向文件的指针图标指向链接的文件，同时还可以使用"浏览"按钮在本地的局域网中选择要链接的文件。

每一个文件都有自己的存放位置和路径，理解一个文件到要链接的另一个文件之间的路径关系是创建链接的根本。链接路径主要可以分为相对路径、绝对路径和根路径 3 种。

1. 相对路径

相对路径最适合网站的内部链接。只要是属于同一网站，即使不在同一个目录中，相对路径也非常适合。

如果链接到同一目录中，则只需输入要链接文档的名称。如果要链接到下一级目录中的文件，只需先输入目录名，然后加"/"，再输入文件名；如果要链接到上一级目录中的文件，则先输入"../"，再输入目录名、文件名。在 Dreamweaver 中制作网页时使用的大多数路径都属于相对路径，如在网页中插入的图像等，如图 3-34 所示。

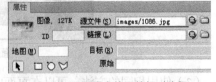

图 3-34 网页中使用的相对路径

2. 内部链接

内部链接就是链接站点内部的文件，在"链接"文本框中用户需要输入文档的相对路径，一般使用"指向文件"和"浏览文件"的方式创建。

3. 绝对路径

绝对路径为文件提供完整的路径，包括使用的协议（如 http、ftp、rtsp 等）。一般常见的绝对路径如 file:///H|/web/d3/images/362.jpg、http://www.163.com（见图 3-35）、ftp://202.103.224.6/等。

尽管本地链接也可以使用绝对路径，但不建议采用这种方式，因为一旦将该站点移植到其他服务器，则所有本地绝对路径的链接都将断开。采用绝对路径的好处是，它同链接的源端点无关。只要网站的地址不变，无论文件在站点中如何移动，都可以正常实现跳转。另外，如果希望链接其他站点上的内容，就必须使用绝对路径。

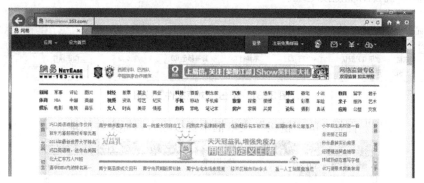

图 3-35　绝对路径

4. 外部链接

外部链接就是在"链接"文本框中直接输入所要链接页面的 URL 绝对地址，并且包括所使用的协议（例如对于 Web 页面，通常使用 http://，即超文本传输协议）。

3.3.2　文字和图像链接

文字链接即以文字为媒介的链接，它是网页中最常被使用的链接方式，具有文件小、制作简单和便于维护的特点。Dreamweaver CS6 为文字与图像提供了多种创建链接的方法，而且可以通过对其属性的控制，有效地使页面之间形成一个庞大而紧密联系的整体。

1. 文字链接

常用的文字链接方法有以下几种。

❖　在文档中选中需要创建链接的文字，在"属性"面板中用鼠标拖动"链接"文本框后面的"指向文件"按钮 至"文件"面板中需要链接的 html 页面，如图 3-36 所示。松开鼠标，地址即被插到了"链接"文本框中。

图 3-36　拖动"指向文件"按钮

✧ 在文档中选中需要创建链接的文字，在"属性"面板中单击"链接"文本框后面的"浏览文件"按钮，如图 3-37 所示，会弹出"选择文件"对话框，从中选择要链接的 html 页面，如图 3-38 所示。单击"确定"按钮，"属性"面板中的"链接"文本框中就会出现链接地址。

图 3-37　单击"浏览文件"按钮

✧ 在"属性"面板上的"链接"文本框中直接输入目标文件的地址。

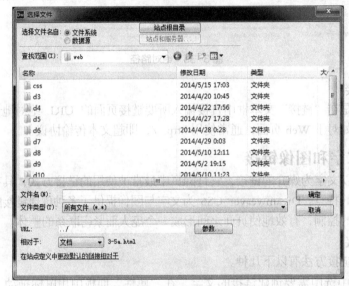

图 3-38　"选择文件"对话框

2. 图像链接

创建图像链接与创建文字链接的方法非常相似，选中图像后利用"属性"面板进行相关的设置即可。但图像还有一种链接方式，即映像图链接。

使用映像图链接是创建复杂的图像交互的好方法。当用户创建一个映像图时，可以对图像中的每一个映像部分分别创建链接，以达到较好的视觉效果。

【实例 3-6】制作图像映像链接。

（1）打开本书附带的实例文件"web\d3\3-6.html"，如图 3-39 所示。

图 3-39　页面效果

（2）为页面中的"八桂风光"图像创建映像链接，选中图像，单击"属性"面板上的"矩形热点工具"按钮，在图像上绘制长方形热点。

（3）如果需要修改绘制的热点区域，可以单击"属性"面板中的"指针热点工具"按钮，然后拖动热点上的控制点或拖动整个热点。

（4）这时"属性"面板会变成热点的"属性"面板，"属性"面板设计如图3-40所示。

图3-40　"属性"面板

（5）同理，再为图像的另外几个部分创建映像链接，结果如图 3-41 所示，并分别设计其对应的"属性"面板。

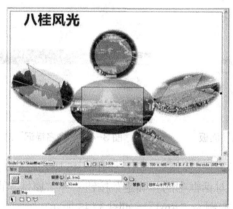

图3-41　在图像上绘制热点并指定超链接

至此，映像图就创建好了。保存文件，按 F12 键预览效果。

3.3.3　命名锚记

有时候网页的内容很长，需要上下拖动滚动条来查看文档内容。为了寻找其中一个主题，不得不将整个文档内容浏览一遍，这样就浪费了时间。如果能对内容较长的文档进行有条理的编号，并对这些编号进行链接，就可以准确快速地查找到文档中的信息。这个需求可以通过Dreamweaver中的命名锚记来实现。

在页面中使用命名锚记链接，需要两个步骤：一是创建命名锚记；二是链接命名锚记。下面就以本书附带的实例文件"3-7.html"为实例向读者介绍命名锚记的创建与使用方法。

【实例3-7】创建命名锚记。

（1）打开本书附带的实例文件"web\d3\3-7.html"，页面效果如图3-42所示。将鼠标定位在需要创建命名锚记的地方，本例为"阿尔卑斯山脉"图片的上方。

图 3-42　页面效果

（2）选择"插入>命名锚记"命令，或者直接按"Ctrl+Alt+A"组合键，还可以从"插入"面板中操作，如图 3-43 所示，打开"命名锚记"对话框。

（3）在"锚记名称"文本框中输入锚记的名称，本例为"m1"，如图 3-44 所示。

图 3-43　"插入"面板　　　　　　图 3-44　"命名锚记"对话框

（4）选择需要链接命名锚记的对象，本例为图 3-45 中左栏中的文字"阿尔卑斯山脉"。

（5）单击"命名锚记"对话框中的"确定"按钮。在"属性"面板的"链接"文本框中输入符号"#"和锚记名称，本例为"#m1"，如图 3-45 所示。

图 3-45　"命名锚记"操作页面

（6）如果要把选定的文本或图像链接到同一文件夹下的其他文件中的命名锚记，则需在"属性"面板的"链接"文本框中输入的格式是："文件名"＋"#"＋"锚记名称"，例如"nn.htm#a"。

（7）用同样的方法为图 3-45 左侧栏中各文本对象创建命名锚记。

（8）保存文件，按 F12 键预览及测试结果。

3.3.4 空链接

空链接是指没有指定目标文件的链接，这样的超级链接在单击时不进行任何跳转。Dreamweaver CS6 的"行为"面板罗列了许多行为，这些行为相当于使用 JavaScript 编写的程序或者函数。要想对文本设置行为，必须首先为文本创建空链接，这样行为才会有效（有关"行为"的具体内容将在第 6 章中介绍）。

为文本创建空链接时，只要先在文档窗口中选择文本，然后在"属性"面板中的"链接"文本框中输入一个数值符"#"即可。建立空链接的目的就是应用行为。

3.3.5 电子邮件链接

电子邮件链接是指当访问者单击该超级链接时，系统会启动客户端电子邮件系统（如 Outlook Express），并进入创建新邮件状态，使访问者能方便地撰写电子邮件。

【实例 3-8】创建电子邮件链接。

（1）打开本书附带的实例文件"web\d3\3-8.html"，页面效果如图 3-46 所示。

图 3-46　页面效果

（2）将光标定位到需要插入电子邮件链接的位置。本例为页面右上角的文字"联系我们"。

（3）选择"插入>电子邮件链接"命令，或利用"插入"面板，如图 3-47 所示。在弹出的"电子邮件链接"对话框中输入用于超级链接的文本和收件人的电子邮件地址，如图 3-48 所示。

图 3-47　"插入"面板　　　图 3-48　"电子邮件链接"对话框

（4）单击"确定"按钮。

（5）用户浏览页面时只要单击链接文字"联系我们"，就会出现"邮件"窗口，如图 3-49 所示，可以很方便地通过电子邮件与作者联系。

图 3-49 "邮件"窗口

3.3.6 下载链接

超级链接的目标可以是一个网站、网页文件、锚点、邮件，还可以是其他任何格式的文件。当超级链接的目标文件为".txt"".gif"".jpg"和".swf"等可以直接用浏览器打开的文件时，浏览器会直接显示这些文件。

当超级链接的目标文件为".rm"".wav"和".mp3"等多媒体文件时，如果用户的计算机上安装有播放这些多媒体文件的工具，浏览器会自动打开这些程序并开始播放这些文件。如果超级链接所链接的目标文件为浏览器不能自动打开的文件格式（如".rar"".zip"".exe"），则会弹出"文件下载"对话框，用户可根据需要选择下载或打开文件。

【实例 3-9】创建下载链接。

（1）打开本书附带的实例文件"web\d3\3-9.html"，页面效果如图 3-50 所示。

图 3-50 页面效果

（2）为页面右下角的"更多图片下载……"创建下载链接。选中该文字，在"属性"面板的"链接"文本框中直接输入地址"pic.rar"，如图 3-51 所示。也可以通过"指向文件"按钮指向文件，还可以通过"浏览文件"按钮 来选择文件。

图 3-51　创建下载链接页面

（3）保存文件，并按 F12 键预览。

（4）在预览窗口中单击链接文字"更多图片下载……"，会弹出一个信息框，询问用户是
"打开""保存"文件还是"取消"本次操作，如图 3-52 所示。

图 3-52　弹出信息框

（5）如果选择"打开"按钮，将打开一个文件窗口。本例是压缩文件，所以打开的是压缩
文件的窗口，如图 3-53 所示。

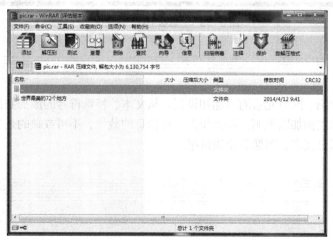

图 3-53　压缩文件的窗口

（6）如果选择"保存"按钮，系统会自动将文件下载到本地存储器中，并显示信息框，如图 3-54 所示。

图 3-54　弹出信息框

（7）此时单击"查看下载"按钮，会弹出"查看下载"对话框，用户可以从中看到下载文件的名称，下载到本地计算机上的位置，还可以打开下载的文件，如图 3-55 所示。

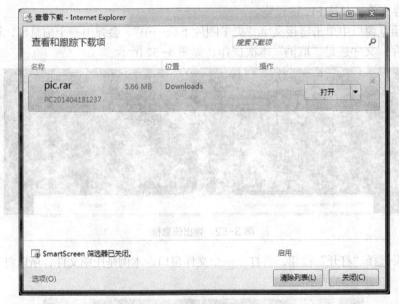

图 3-55　"查看下载"对话框

3.4　小结

本章详细地介绍了网页元素的添加和设置，从文本、特殊符号的添加到插入图像和超级链接，并辅以大量的实例加以说明。网页作为一种信息的载体，不可或缺的是各种信息的载入，其中最主要的元素是文本、图像和超级链接。

3.5　习题

一、填空题

1. 在 Dreamweaver CS6 中插入文本的方法有_____。

2. 目前，在 Web 页中通常使用的图片格式有_____、_____、_____3种。

3. 在网页上的"联系站长"字样，应该用_____链接方式。

4. 在 Dreamweaver CS6 中向字符间插入连续空格的方法有_____种。

二、选择题

1. 如果用户计算机上没有安装客户网站中的字体，会发生什么事情？（　　）

A. 浏览器会支持该字体　　　　　　　B. 将显示默认字体

C. 不显示文本　　　　　　　　　　　D. 字体会自动下载

2. 在 Dreamweaver CS6 中，下面对文本和图像设置超级链接说法错误的是（　　）。

A. 选中要设置成超级链接的文字或图像，然后在"属性"面板的"链接"文本框中添入相应的 URL 地址即可

B. "属性"面板的"链接"文本框中添入相应的 URL 地址格式可以是 www.sohu.com

C. 设置好后在编辑窗口中的空白处单击，可以发现选中的文本变为蓝色，并出现下划线

D. 设置超级链接的方法不止一种

3. 在 Dreamweaver CS6 中，有 9 种不同的垂直对齐图像的方式，要使图像的底部与文本的基线对齐要用哪种对齐方式？（　　）

A. 基线　　　　　B. 绝对底部　　　　C. 底部　　　　　D. 默认值

4. 在 Dreamweaver CS6 中，下面关于链接的说法错误的是（　　）。

A. 同一页面中可以创建多种链接方式

B. 空链接是指没有任何作用的链接

C. 链接对象的 URL 要非常准确，站点内的取相对链接地址，站点外的要取绝对链接地址

D. EXE 文件和 RAR 文件可以作为下载链接的目标文件

三、判断题

1. HTML 中，空格的代码为 。　　　　　　　　　　　　　（　　）

2. 建立锚点链接时必须在锚点前加"#"。　　　　　　　　　　（　　）

3. 在 Dreamweaver CS6 中，可以对页面中任何文字和图像制作网页超级链接、E-mail 超级链接、多媒体超级链接和下载文件的超级链接。　　　　　　（　　）

4. 在 Dreamweaver CS6 中，不能对 flash 影片设置超级链接。（　　）

四、简答题

1. 简述在 Dreamweaver CS6 的图像"属性"面板中，可以设置哪些图像属性？

2. 在 Dreamweaver CS6 有哪几种超级链接？如何创建？

3.6　上机实训

参照课本内容，制作一个简单的网站，要求首页用上文字链接、图像链接、命名锚记、空链接、电子邮件链接和下载链接，即尽可能应用所学的知识。

PART 4

第 4 章
精通 CSS 样式

情景导入

小白在一家网页制作公司开始了她的实习生活。为了尽快胜任该公司的工作，小白加快学习网页制作的相关知识，已经着手学习 CSS 样式。

知识技能目标

- CSS 样式的类型。
- 链接和导出 CSS 样式表。
- 设置 CSS 样式的基本属性。

- 创建和编辑 CSS 样式。
- CSS 在网页中的应用。

课堂案例展示

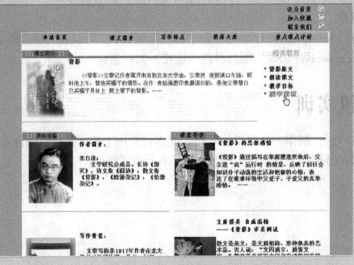

页面预览效果

4.1 初识 CSS

当我们了解 Dreamweaver CS6 的基本功能后，可能会发现版面总是按照一定的规则安排的。例如，文字不能叠在图片上面，段落与段落之间不能设置行距。HTML 标记可做的变化太少，就是这种传统 HTML 标记的限制使得设计者无法随心所欲地编排版面。鉴于此，W3C 协会颁布了一套 CSS 语法，用来扩展 HTML 语法的功能。

4.1.1 CSS 样式基础

CSS 是 Cascading Style Sheets（层叠样式表）的缩写，它是一种对 Web 文档添加样式的简单机制，是一种表现 HTML 或 XML 等文件外观样式的计算机语言，它是由 W3C 来定义的。CSS 是为了弥补 HTML 的不足而开发的一系列格式设置规则。通过 CSS 可以方便地控制网页的外观，对页面布局、字体、颜色、背景和其他图文效果实现更加精确的控制。

1. CSS 样式的优势

（1）分离格式和结构。HTML 语言定义了网页的结构和各个要素的功能，而 CSS 样式表通过将定义结构的部分和定义格式的部分分离，使用户可以对页面的布局施加更多的控制。CSS 代码独立出来从另一个角度控制页面外观。

（2）精确控制网页外观。在 CSS 规则里，不仅可重定义 HTML 原有的样式，更具备区块变化、文字重叠、随意摆放位置等多种变化。通过 CSS 丰富、灵活的设置，网页就能跳出传统 HTML 语法的束缚，可以精确控制网页外观，从而设计出精美的网页。

（3）网页的体积更小、下载更快。样式表只是简单的文字，不需要图像，不需要执行程序，不需要插件。使用层叠样式表可以减少表格标签及 HTML 代码的体积，从而减小文件的大小。

（4）更加便捷的网页更新。在对很多网页文件设置同一种属性时，无需对所有文件反复进行操作，只需应用样式表就可以更加便利、快捷地进行操作。利用样式表，可以将站点上所有的网页都指向单一的 CSS 文件，只要更改 CSS 文件中的某一行，那么整个站点都会随之发生变化。

（5）更好的兼容性。CSS 样式的代码有很好的兼容性，不会因为丢失了某个插件而发生中断，不会因为使用老版本的浏览器而出现杂乱无章的情况，只要是可以识别样式表文件的浏览器就可以应用它。

2. 理解 CSS 样式标记

在 Dreamweaver 中只需要单击几次，就可以在文字、图片、表格、链接等构成网页文件的所有元素属性中应用样式表。

参考如下代码：

```
<head>
<style type="text/css">
<!--
.STYLE1 {font-family: "新宋体"}
-->
</style>
</head>

<body>
<span class="STYLE1">网页制作</span>
</body>
```

✧ 定义样式表的部分用<style ></style>标记来表示。

✧ 样式表的内容应该位于<head></head>标记之间。

✧ 在 Dreamweaver 中为指定字体、字号、文字颜色来定义样式表的时候，在代码视图中出现的 HTML 代码和属性与上面例题中的一样，会出现字体{font-family}或者{font-size}等属性，并且以冒号为间隔设置属性值。属性之间由分号来区分。

✧ 应用样式表的文字包括在<span></span>标记之间。

✧ 有<!--和-->注释标记来套用样式表是因为样式表在 Explorer 和 Netscape 4.0 以上的浏览器中才被支持，因此使用该注释标记是为了在其他浏览器中被忽略通过。

4.1.2　CSS 样式的类型

在 Dreamweaver 中，可以定义几种不同类型的 CSS 样式，通过其提供的可视化界面，不需要编写定义的代码。CSS 样式通常有类、ID、标签和复合内容 4 种类型，下面分别对其进行介绍。

✧ **类**：可用于 HTML 中的任何元素，定义该类型的 CSS 样式时，名称必须以句点"."

（英文状态）开头，后跟字母或字母和数字组合（如.mycss）。如果在创建时没有输入开头的句点，Dreamweaver 会自动加上。为类样式命名时，不能使用 body、table 等 HTML 标签的名称，否则可能会与"标签"样式相冲突。

✧ **ID**：只能应用于唯一的标签，且这个标签的 ID 必须是唯一的，ID 类型的 CSS 样式，其名称前应添加"#"符号。

✧ **标签**：用于重新定义 HTML 元素，在新建 CSS 样式后，所有用到该标签的网页元素都将被立即更新。

✧ **复合内容**：用于在已创建的 CSS 样式基础上，创建或改变一个或多个标签、类或 ID 的复合规则样式表，使包含在该标签中的内容以定义的 CSS 规则进行显示。

4.2　创建层叠样式表

4.2.1　认识"CSS 样式"面板

选择"窗口>CSS 样式"命令或按"Shift + F11"组合键，可打开"CSS 样式"面板，如图 4-1 所示。使用 CSS 样式面板，可以查看与当前文档相关联的样式定义以及样式的层次结构，可以创建、编辑和删除 CSS 样式，并且可以将外部样式表文件附加到当前文档。"CSS 样式"面板中各选项的含义介绍如下。

① **全部** 按钮：显示网页中所有 CSS 样式规则。

② **当前** 按钮：显示当前选择网页元素的 CSS 样式信息。

③ "所有规则"栏：显示当前网页中所有 CSS 样式规则。其中包括了外部链接样式表和内部样式表，可单击样式表前的⊞按钮，在展开的列表中查看具体的 CSS 样式。

④ "属性"栏：显示当前选择的规则的定义信息。

⑤ 按钮：在"属性"栏中分类显示所有的属性。

⑥ 按钮：在"属性"栏中按字母顺序显示所有的属性。

⑦ 按钮：只显示设定了值的属性。

⑧ 按钮：单击该按钮可在打开的对话框中选择需要链接或导入的外部 CSS 文件。

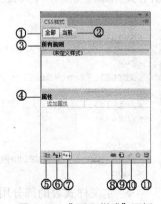

图 4-1　"CSS 样式"面板

⑨ 按钮：用于新建 CSS 样式规则。

⑩ 按钮：用于编辑选择的 CSS 样式规则。

⑪ 按钮：用于删除选择的 CSS 样式规则。

4.2.2 创建 CSS 样式

单击"CSS 样式"面板右下角的"新建 CSS 样式"按钮 ，打开"新建 CSS 规则"对话框，如图 4-2 所示。

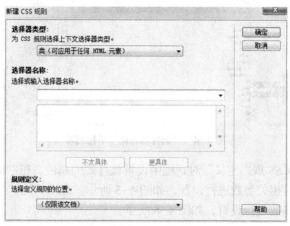

图 4-2 "新建 CSS 样式"对话框

1．创建标签样式

标签 CSS 样式是网页中最为常用的一种 CSS 样式，通常新建一个页面后，首先就需要定义 <body> 标签的 CSS 样式，从而对整个页面的外观进行设置。

【实例 4-1】创建标签样式，用于修饰文档的字体大小、行高、颜色及设置文档的背景颜色、背景图像。

（1）打开本书附带的实例文件"web\d4\4-1.html"，页面效果如图 4-3 所示。

图 4-3 页面效果

（2）单击"CSS 样式"面板中的"新建 CSS 样式"按钮 ，在弹出的"新建 CSS 规则"对话框中，将"选择器类型"设置为"标签（重新定义 HTML 元素）"，在"选择器名称"下拉列表中选择"body"，将"规则定义"设置为"仅限该文档"，然后单击"确定"按钮，创建一个名为 body 的标签样式，如图 4-4 所示。

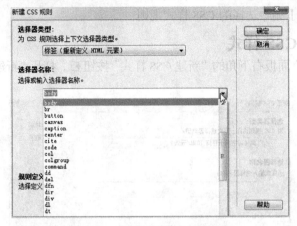

图 4-4　"选择器名称"下拉列表

（3）在"body 的 CSS 规则定义"对话框中设置该样式的属性，在左侧的"分类"列表中选择"类型"选项，并对相关参数进行设置，如图 4-5 所示。在左侧的"分类"列表中选择"背景"选项，并对相关参数进行设置，如图 4-6 所示。

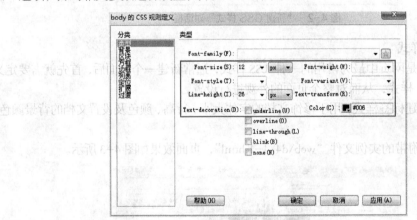

图 4-5　设置"类型"参数

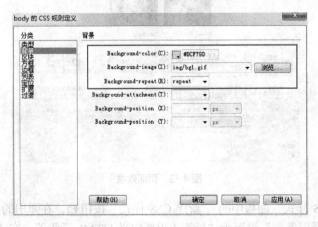

图 4-6　设置"背景"参数

（4）单击"确定"按钮，在"CSS 样式"面板中会增加 body 样式名称，并且定义的样式会自动应用到页面中，得到如图 4-7 所示的页面效果。

图 4-7 应用 CSS 样式后的页面效果

（5）将页面切换到"拆分"视图，我们会发现 body 标签出现在代码里，被包围在<style>与</style>这对标记之间，并且镶嵌在网页的<head>标记下，如图 4-8 所示。

```
<!DOCTYPE HTML PUBLIC "-//W3C//DTD HTML 4.01 Transitional//EN">
<html>
<head>
<meta http-equiv="Content-Type" content="text/html; charset=gb2312">
<title>无标题文档</title>
<style type="text/css">
body {
    font-size: 12px;
    line-height: 26px;
    color: #006;
    background-color: #DCF79D;
    background-image: url(img/bg1.gif);
    background-repeat: repeat;
}
</style>
</head>
```

图 4-8 body 标签的 CSS 样式代码

（6）保存网页，按 F12 键预览网页。

2．创建类样式

类 CSS 样式可以应用在网页中任意的元素上，可对网页中的元素进行更精确的设置，使不同的网页之间可以在外观上得到统一的效果。

【实例 4-2】创建类样式，用于修饰当前文档的字体大小、行高及颜色等。

（1）打开本书附带的实例文件"web\d4\4-2.html"，页面效果如图 4-9 所示。

中国茶文化

饮茶不但是传统饮食文化，同时，由于茶中含有多种抗氧化物质与抗氧化营养素，对于消除自由基有一定的效果。因此喝茶也有助防老，具养生保健功能，每天喝三两杯茶可起到防老的作用。茶叶中含有多种维生素和氨基酸，喝茶对于清油解腻，增强神经兴奋以及消食利尿也具有一定的作用。但并不是喝得越多越好，也不是所有的人都适合喝茶。一般来说，每天1-2次，每次2-3克的饮量是比较适当的。

茶的起源

茶，是中华民族的举国之饮。它发乎神农，闻于鲁周公，兴于唐朝，盛在宋代，如今已成了风靡世界的三大无酒精饮料（茶叶、咖啡和可可）之一，并将成为21世纪的饮料大王。饮茶嗜好遍及全球，全世界已有50余个国家种茶，寻根溯源，世界各国最初所饮的茶叶，引种的茶种，以及饮茶方法、栽培技术、加工工艺、茶事礼俗等，都是直接或间接地由中国传播去的。中国是茶的发祥地，被誉为"茶的祖国"。茶，乃是中华民族的骄傲。

图 4-9　页面效果

（2）单击"CSS 样式"面板中的 "新建 CSS 样式"按钮 ，在弹出的"新建 CSS 规则"对话框中，将"选择器类型"设置为"类（可应用于任何 HTML 元素）"，在"选择器名称"文本框中输入".zt1"（注意：命名以"."开头），将"规则定义"设置为"仅限该文档"，这样 CSS 样式就被定义在该文档中了，单击"确定"按钮，如图 4-10 所示。

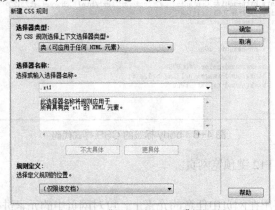

图 4-10　"新建 CSS 规则"对话框

提示：类样式命名必须以点"."开头。

（3）在出现的".zt1 的 CSS 规则定义"对话框中，选择左侧的"分类"列表中的"类型"选项，并对相关参数进行设置，如图 4-11 所示。

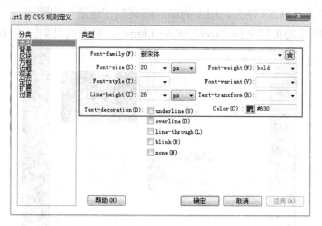

图 4-11 ".zt1 的 CSS 规则定义"对话框

（4）单击"确定"按钮，选中需要应用该类 CSS 样式的文字，在"属性"面板上的"类"下拉列表中选择刚定义的.zt1 样式，如图 4-12 所示。可以看到应用了该样式的文字效果，使用相同的方法，为其他相应的文字应用该类 CSS 样式，得到的效果如图 4-13 所示。

图 4-12 "属性"面板

图 4-13 应用了 CSS 样式后的页面效果

（5）将页面切换到"拆分"视图，我们会发现.zt1 标签出现在代码中，被包围在另一对\<style\>与\</style\>标记之间，并且镶嵌在网页的\<head\>标记下。

（6）保存网页，按 F12 键预览网页。

3．创建 ID CSS 样式

ID CSS 样式主要用于定义设置了特定 ID 名称的元素，通常在一个页面中，ID 名称是不能重复的，所以所定义的 ID CSS 样式也是特定指向页面中唯一的元素。

【实例 4-3】创建 ID CSS 样式，用于为站点内文档创建统一的脚注。

（1）打开本书附带的实例文件"web\d4\4-3.html"，页面效果如图 4-14 所示。

图 4-14　页面效果

（2）单击"插入"面板上"布局"类别中的"插入 Div 标签"按钮，如图 4-15 所示，弹出"插入 Div 标签"对话框，在"ID"文本框中输入名称"box"，如图 4-16 所示。

 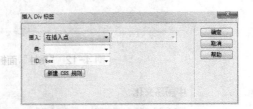

图 4-15　"插入"面板　　　　图 4-16　"插入 Div 标签"对话框

（3）单击"确定"按钮，在页面相应的位置插入名为<div#box>的标签，如图 4-17 所示。

图 4-17　插入了 Div 标签的页面

提示：ID 样式命名必须以井号"#"开头，并且可以包含任何字母和数字组合，如果在创建时用户没有输入"#"，系统会自动加上。

（4）单击"新建 CSS 规则"按钮 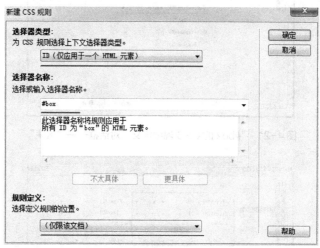，弹出"新建 CSS 规则"对话框，在"选择器类型"下拉列表中选择"ID（仅应用于一个 HTML 元素）"选项，在"选择器名称"文体框中输入唯一的 ID 名称"#box"，具体设置如图 4-18 所示。单击"确定"按钮，弹出"#box 的 CSS 规则定义"对话框。

图 4-18　"新建 CSS 规则"对话框

（5）在"#box 的 CSS 规则定义"对话框中分别对"类型""背景""区块"和"方框"4 个选项进行相应的设置，分别如图 4-19、图 4-20、图 4-21 和图 4-22 所示。

图 4-19　"#box 的 CSS 规则定义"对话框——"类型"

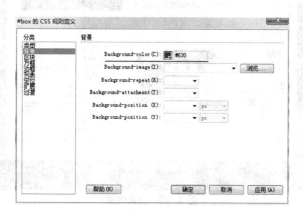

图 4-20　"#box 的 CSS 规则定义"对话框——"背景"

图 4-21 "#box 的 CSS 规则定义"对话框——"区块"

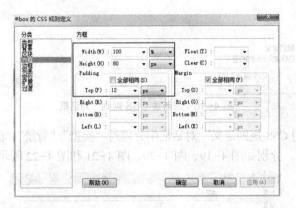

图 4-22 "#box 的 CSS 规则定义"对话框——"方框"

（6）单击"确定"按钮，完成"#box 的 CSS 规则定义"对话框的设置。将光标移至名为 box 的 Div 中，删除多余的文字，并输入相应的文字，保存页面。在"实时视图"中即可看到如图 4-23 所示的页面效果。

图 4-23　页面效果

4．创建复合 CSS 样式

使用"复合内容"样式可以定义同时影响两个或多个标签、类或 ID 的复合规则。如果输入 Div p，则 Div 内的所有 p 元素都将受此规则的影响，但其他位置的 p 元素不受影响。

【实例 4-4】创建复合 CSS 样式。本例用于创建文字的链接样式。

（1）打开本书附带的实例文件"web\d4\4-4.html"，页面如图 4-24 所示。

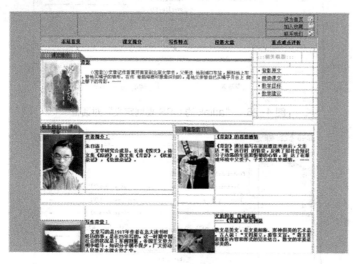

图 4-24　设计页面

（2）为页面中的链接创建复合 CSS 样式。单击"新建 CSS 规则"按钮，弹出"新建 CSS 规则"对话框，在"选择器类型"下拉列表中选择"复合内容（基于选择的内容）"选项，在"选择器名称"下拉列表中选择"a:link"，如图 4-25 所示。

（3）单击"确定"按钮，出现"a:link 的 CSS 规则定义"对话框，在该对话框中的"分类"列表框中选择"类型"选项卡，设置如图 4-26 所示。

（4）重复上述步骤（2）、（3），分别对"a:visited 的 CSS 规则定义"对话框和"a:hover 的 CSS 规则定义"对话框进行设置，如图 4-27、图 4-28 所示。

图 4-25　"新建 CSS 规则"对话框

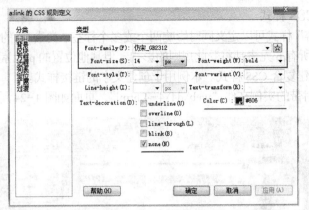

图 4-26　"a:link 的 CSS 规则定义"对话框

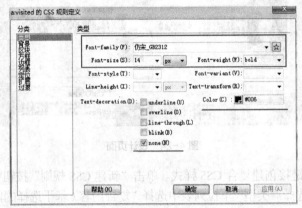

图 4-27　"a:visited 的 CSS 规则定义"对话框

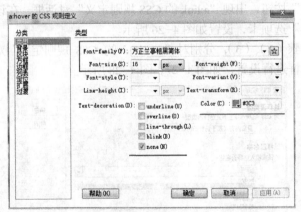

图 4-28　"a:hover 的 CSS 规则定义"对话框

（5）保存网页，按 F12 键预览网页，效果如图 4-29 所示。

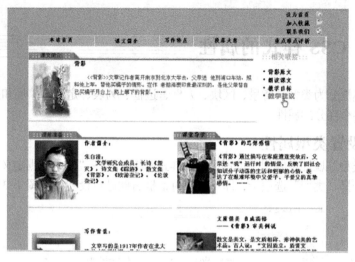

图 4-29　页面预览效果

4.2.3　编辑 CSS 样式

当一个 CSS 样式创建完毕后，在网站升级维护工作中只需要修改 CSS 样式即可。下面介绍如何编辑和删除 CSS 样式。

在"CSS 样式"面板中选择想要重新编辑的样式，单击"编辑样式"按钮，如图 4-30 所示，弹出"CSS 规则定义"对话框，在该对话框中可以对该 CSS 样式进行重新设置。

图 4-30　"CSS 样式"面板

修改后的效果可以通过"查看>工具栏>样式呈现"命令，打开"样式呈现"工具栏，单击其中的"切换 CSS 样式的显示"按钮即时查看。默认情况下，该按钮为按下状态。

如果想要删除 CSS 样式，可以打开"CSS 样式"面板，选中需要删除的 CSS 样式，单击鼠标右键，在弹出的快捷菜单中选择"删除"命令；或者选中后直接按键盘上的"Delete"键删除；还可以在"CSS 样式"面板中选中需要删除的样式，然后单击"删除"按钮。

4.3 定义 CSS 样式的属性

CSS 样式属性分为类型、背景、区块、方框、边框、列表、定位、扩展和过渡 9 个部分。下面分别介绍各个部分的属性。

4.3.1 设置类型属性

CSS 的"类型"属性主要用于设置文本的样式和格式，在"CSS 规则定义"对话框的"分类"列表框中选择"类型"选项卡，即可在该对话框右侧进行设置，如图 4-31 所示。

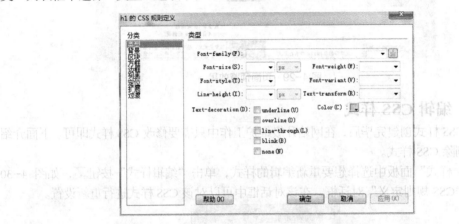

图 4-31 CSS 的"类型"属性对话框

"类型"属性中各选项的含义介绍如下。

- "Font-family"：用于设置文本的字体。
- "Font-size"：用于设置字体的大小。
- "Font-style"：用于设置文本的特殊格式，如"正常""斜体""偏斜体"等。
- "Line-height"：用于设置文本行与行之间的行距，选择"正常"自动计算字体大小的行距，或输入一个确切的值并选择一种度量单位。
- "Text-decoration"：用于设置文本的修饰效果，如上划线、下划线等。
- "Font-weight"：用于设置文本的粗细程度。
- "Font-variant"：用于设置文本的变形方式，如"小型大写字母"等。
- "Text-transform"：用于设置英文文本的大小写形式，如"首字母大写""大写""小写"等。
- "Color"：用于设置文本的颜色。

【实例 4-5】为页面设置文字样式。要求是：标题为 h1；文档为新宋体，12 像素细体字，行间距为 30 像素，颜色为#6699FF。其具体操作步骤如下。

（1）打开本书附带的实例文件"web\d4\4-5.html"，页面预览效果如图 4-32 所示。

（2）同时也打开结果文件"web\d4\4-5a.html"，预览效果如图 4-33 所示。要想原始文件变为结果文件，需要进行如下操作。

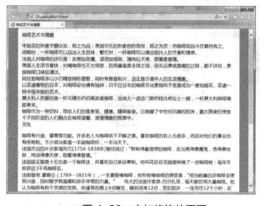

图 4-32　未加修饰的页面

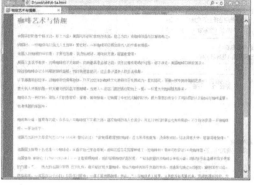

图 4-33　应用了类样式后的预览效果

（3）在文件"4-5.html"页面的设计视图下，打开"CSS 样式"面板，单击"新建 CSS 规则"按钮**，打开"新建 CSS 规则"对话框，设置如图 4-34 所示，单击"确定"按钮。

（4）在出现的".wz 的 CSS 规则定义"对话框中，选择左侧的"分类"列表中的"类型"，在右侧的类型属性面板中设置"Font-family"为"新宋体"，"Font-size"为"12px"，"Font-weight"为"lighter"，"Line-height"为"30px"，"Color"为"#6699FF"，如图 4-35 所示。

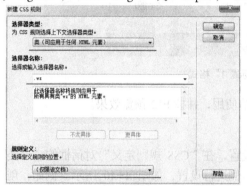

图 4-34　"新建 CSS 规则"对话框

图 4-35　".wz 的 CSS 规则定义"对话框

（5）选取页面中的文字，在"属性"面板中选择"类"下拉列表中的"wz"选项，如图 4-36 所示。

图 4-36　应用"wz"类样式

（6）依照上述方法（3）、（4），为标题创建样式，具体设置如图 4-37 和图 4-38 所示。

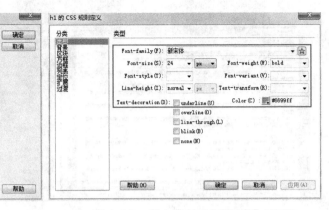

图 4-37 "新建 CSS 规则"对话框   图 4-38 "h1 的 CSS 规则定义"对话框

（7）选取页面中的标题文字"咖啡艺术与情趣"，在"属性"面板中选择"格式"下拉列表中的"标题 1"，如图 4-39 所示。

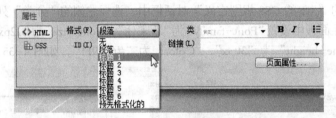

图 4-39 应用"标题 1"格式

（8）将文件保存为"4-6.html"，以备后续章节使用，并按 F12 预览效果。

4.3.2 设置背景属性

利用"背景"属性可对网页的背景样式进行设置，在"CSS 规则定义"对话框的"分类"列表框中选择"背景"选项卡，即可在该对话框右侧进行设置，如图 4-40 所示。例如，创建一个样式，将背景颜色或背景图像添加到任何页面元素文本、表格等的后面，还可以设置背景图像的位置。

图 4-40 CSS 的"背景"属性对话框

"背景"属性中各选项的含义介绍如下。

● "Background-color"：用于设置元素的背景颜色。

- "Background-image"：用于设置元素的背景图像，可以在文本框中输入图像的路径和名称，也可通过 浏览… 按钮，在打开的对话框中进行选择。
- "Background-repeat"：用于设置背景图像的重复方式。有"不重复""重复""横向重复"和"纵向重复"4个选项。
- "Background-attachment"：用于设置背景图像是固定在其原始位置还是随内容一起滚动。
- "Background- position (X)"：用于设置背景图像的水平位置，有"左对齐""居中"和"右对齐"等选项，也可以直接输入水平位置的值。
- "Background- position (Y)"：用于设置背景图像的垂直位置，有"顶部""居中"和"底部"等选项，也可以直接输入垂直位置的值。

【实例4-6】为页面添加背景颜色和背景图片。

（1）打开本书附带的实例文件"web\d4\4-6.html"和"web\d4\4-6a.html"，页面预览效果如图4-41和图4-42所示。我们的目标是将图4-41所示的页面变成图4-42所示的页面，具体操作步骤如下。

图 4-41　原文件页面效果

图 4-42　添加背景图片的页面效果

（2）在文件"4-6.html"页面的设计视图下，打开"CSS样式"面板，选择"所有规则"中的".wz"样式，单击"编辑样式……"按钮，如图4-43所示，弹出".wz的CSS规则定义"对话框，从中选择"背景"分类，具体设置如图4-44所示，完成后单击"确定"按钮。

图 4-43　"CSS样式"对话框

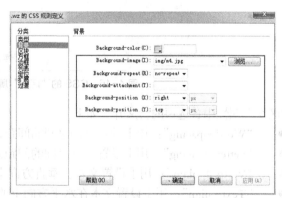

图 4-44　".wz的CSS规则定义"对话框

（3）选取需要应用样式的文本，在"CSS样式"面板中选择".wz"样式，单击鼠标右键，在弹出的快捷菜单中选择"应用"，如图4-45所示。也可以用【实例4-5】的方法，选中文本后在"属性"面板的"类"选项下拉列表中选取"wz"。

图4-45　应用CSS样式

（4）保存文件，以备后续章节使用，并按F12键预览效果。

4.3.3　设置区块属性

在"CSS规则定义"对话框的"分类"列表框中选择"区块"选项卡，即可在该对话框右侧进行设置，如图4-46所示。

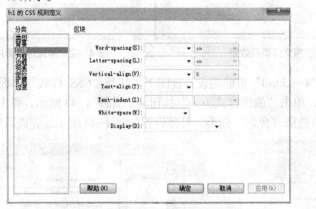

图4-46　CSS的"区块"属性对话框

"区块"属性中各选项的含义介绍如下。

- "Word-spacing"：用于设置单词之间的间距，只适用于英文。
- "Letter-spacing"：用于设置字母之间的间距。
- "Vertical-align"：用于设置文本在垂直方向上的对齐方式。
- "Text-align"：用于设置文本在水平方向上的对齐方式。
- "Text-indent"：用于设置文本首行缩进的距离。
- "White-space"：用于设置处理空格的方式，有"正常""保留"和"不换行"3个选项。

【实例4-7】为页面文字设置字距、行距、对齐方式。

（1）打开本书附带的实例文件"web\d4\4-7.html"和"web\d4\4-7a.html"，页面预览效果如图 4-47 和图 4-48 所示。我们的目标是将图 4-47 所示的页面变成图 4-48 所示的页面，具体操作步骤如下。

一篇优秀的退选演讲 Thank you so much. Thank you all. **Well, this isn't exactly the party I'd planned, but I sure like the company.** I want to start today by saying how grateful I am to all of you – to everyone who poured your hearts and your hopes into this campaign, who drove for miles and lined the streets waving homemade signs, who scrimped and saved to raise money, who knocked on doors and made calls, who talked and sometimes argued with your friends and neighbors, who emailed and contributed online, who invested so much in our common enterprise, to the moms and dads who came to our events, who lifted their little girls and little boys on their shoulders and whispered in their ears, "See, you can be anything you want to be."	一篇优秀的退选演讲 Thank you so much. Thank you all. **Well, this isn't exactly the party I'd planned, but I sure like the company.** I want to start today by saying how grateful I am to all of you – to everyone who poured your hearts and your hopes into this campaign, who drove for miles and lined the streets waving homemade signs, who scrimped and saved to raise money, who knocked on doors and made calls, who talked and sometimes argued with your friends and neighbors, who emailed and contributed online, who invested so much in our common enterprise, to the moms and dads who came
图 4-47　原文件页面效果	图 4-48　应用了 CSS 样式的页面效果

（2）在文件"4-7.html"页面的设计视图下，打开"CSS 样式"面板，单击"新建 CSS 规则"按钮 ，弹出"新建 CSS 规则"对话框，具体设置如图 4-49 所示，单击"确定"按钮，在弹出的".box 的 CSS 规则定义"对话框中选择"区块"分类，具体设置如图 4-50 所示，完成后单击"确定"按钮。

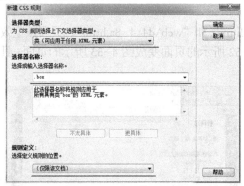

图 4-49　"新建 CSS 规则"对话框　　　　　图 4-50　".box 的 CSS 规则定义"对话框

（3）选取要应用"box"样式的文字（效果如图中红框所示），在"属性"面板的"类"选项下拉列表中选取"box"。

（4）保存文件，以备后续章节使用，并按 F12 键预览效果。

4.3.4　设置方框属性

在"CSS 规则定义"对话框的"分类"列表框中选择"方框"选项卡，即可在该对话框右侧进行设置，如图 4-51 所示。

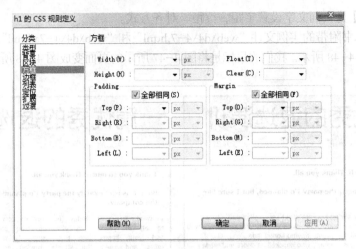

图 4-51 CSS 的"方框"属性对话框

"方框"属性中各选项的含义介绍如下。

- "Width"：设置方框的宽度。
- "Height"：设置方框的高度。
- "Float"：设置方框中文本的环绕方式。
- "Clear"：设置层不允许在应用样式元素的某个侧边。
- "Padding"：指定元素内容与元素边框之间的间距。
- "Margin"：指定元素的边框与另一个元素之间的间距。

【实例 4-8】为页面创建方框样式。

（1）打开本书附带的实例文件"web\d4\4-8.html"和"web\d4\4-8a.html"，页面预览效果如图 4-52 和图 4-53 所示。我们的目标是将图 4-52 所示的页面变成图 4-53 所示的页面，具体操作步骤如下。

图 4-52 原页面预览效果

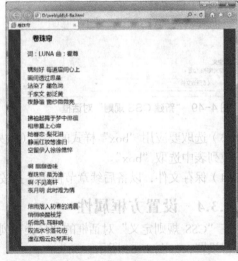

图 4-53 应用了 CSS 样式后的页面效果

（2）在文件"4-8.html"页面的设计视图下，打开"CSS 样式"面板，选择"所有规则"中的".container"样式，单击"编辑样式……"按钮 ✐，如图 4-54 所示，弹出".container 的

CSS 规则定义"对话框，从中选择"方框"分类，具体设置如图 4-55 所示，完成后单击"确定"按钮。

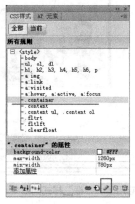

图 4-54 "CSS 样式"面板

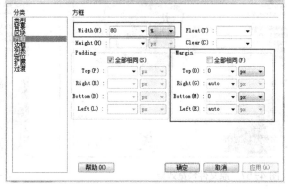

图 4-55 ".container 的 CSS 规则定义"对话框

（3）保存文件，并按 F12 键预览效果。

4.3.5 设置边框属性

在"CSS 规则定义"对话框的"分类"列表框中选择"边框"选项卡，即可在该对话框右侧进行设置，如图 4-56 所示。

图 4-56 CSS 的"边框"属性对话框

"边框"属性中各选项的含义介绍如下。

- "Style"：用于设置元素上、下、左和右的边框样式。
- "Width"：用于设置元素上、下、左和右的边框宽度。
- "Color"：用于设置元素上、下、左和右的边框颜色。

【实例 4-9】为页面中的图片创建边框样式。

（1）打开本书附带的实例文件"web\d4\4-9.html"和"web\d4\4-9a.html"，页面预览效果如图 4-57 和图 4-58 所示。我们的目标是将图 4-57 所示的页面变成图 4-58 所示的页面，具体操作步骤如下。

（2）在文件"4-9.html"页面的设计视图下，打开"CSS 样式"面板，单击"新建 CSS 规则"按钮 ，弹出"新建 CSS 规则"对话框，具体设置如图 4-59 所示，单击"确定"按钮，在弹出的".fang 的 CSS 规则定义"对话框中选择"边框"分类，具体设置如图 4-60 所示，完成后单击"确定"按钮。

图 4-57　原文件预览效果　　　　　　图 4-58　应用了"方框"样式的效果

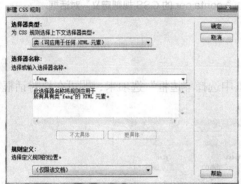

图 4-59　"新建 CSS 规则"对话框　　　图 4-60　".fang 的 CSS 规则定义"对话框

（3）选择页面右上方的图片，在"属性"面板的"类"选项下拉列表中选取"fang"。

（4）保存文件，并按 F12 键预览效果。

4.3.6　设置列表属性

在"CSS 规则定义"对话框的"分类"列表框中选择"列表"选项卡，即可在该对话框右侧进行设置，如图 4-61 所示。

图 4-61　CSS 的"列表"属性对话框

"列表"属性中各选项的含义介绍如下。

- "List-style-type"：用于设置项目符号或编号的外观。
- "List-style-image"：用于为项目符号指定自定义图像。可以在文本框中输入图像的路径和名称，也可通过 浏览... 按钮，在打开的对话框中进行选择。
- "List-style-position"：用于设置列表项文本是否换行并缩进。"outside"选项表示当列表过长而自动换行时以缩进方式显示；"inside"选项表示当列表过长而自动换行时不缩进。

4.3.7　设置定位属性

在"CSS 规则定义"对话框的"分类"列表框中选择"定位"选项卡，即可在该对话框右侧进行设置，如图 4-62 所示。

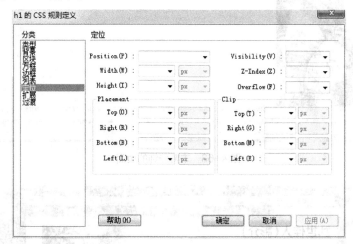

图 4-62　CSS 的"定位"属性对话框

"定位"属性中各选项的含义介绍如下。

- "Position"：用于设置定位的方式。选择"绝对"选项可以使用"定位"框中输入的坐标相对于页面左上角来放置层；选择"相对"选项可以使用"定位"框中输入的坐标相对于对象当前位置来放置层；选择"静态"选项可以将层放在它所在的文本中的位置。
- "Visibility"：确定层的显示方式，选择"继承"选项将继承父层的可见性属性，如果没有父层，则可见；选择"可见"选项将显示层的内容；选择"隐藏"选项将隐藏层的内容。
- "Z-Index"：确定层的堆叠顺序。编号较高的层显示在编号较低的层的上面。
- "Overflow"：确定当层的内容超出层的大小时的处理方式。选择"可见"选项将使层向右下方扩展，使所有的内容都可见；选择"隐藏"将保持层的大小并剪辑任何超出的内容；选择"滚动"选项将在层中增加滚动条，无论内容是否超出层的大小；选择"自动"选项，则当层的内空超出层的边界时显示滚动条。
- "Placement"：指定层的位置和大小。
- "Clip"：定义层的可见部分。

【实例 4-10】为页面创建定位样式。

（1）打开本书附带的实例文件"web\d4\4-10.html"和"web\d4\4-10a.html"，页面预览效果如图4-63和图4-64所示。我们的目标是将图4-63所示的页面变成图4-64所示的页面，具体操作步骤如下。

图 4-63　未曾修饰的页面

图 4-64　效果页面

（2）从图中可以看到，图4-63所示的页面又宽又长，既不美观，又不方便预览。Dreamweaver CS6 提供了许多页面定位的格式。单击"文件>新建"命令，打开"新建文档"对话框，用户可以从"布局"列表框中选择自己想要的布局。本例的选择如图4-65所示。

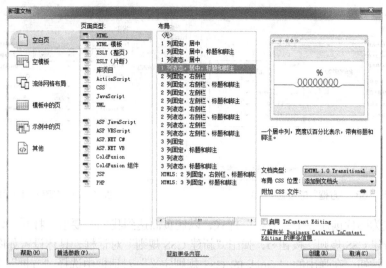

图 4-65 "新建文档"对话框

（3）将文件"4-10.html"的内容复制过来，注意将标题和正文分开，分别放在指定的位置。删除多余的文字和图片占位符。此时得到图 4-66 所示的效果（离我们的要求还有一步之遥）。

图 4-66 初步页面效果

（4）其中的定位原理可以从图 4-67 至图 4-69 中了解。当然这些都不需要我们设置，我们了解和掌握了其中的原理，就可以按照自己的设计理念修改和利用了。

```css
.container {
    width: 80%;
    max-width: 1260px;/* 可能需要最大宽度，以防止此布局在大型显示器上过宽。这将使行长度更便于阅读。IE6 不遵循此声明。    */
    min-width: 780px;/* 可能需要最小宽度，以防止此布局过窄。这将使侧面列中的行长度更便于阅读。IE6 不遵循此声明。    */
    background-color: #FFF;
    margin: 0 auto; /* 侧边的自动值与宽度结合使用，可以将布局居中对齐。如果将 .container 宽度设置为
100%，则不需要此设置。    */
}
```

图 4-67 CSS 样式代码

图 4-68 "方框"的设置

图 4-69 "定位"的设置

（5）现在为图片创建一个"方框"样式，以使页面达到我们的要求。打开"CSS 样式"面板，单击"新建 CSS 规则"按钮，弹出"新建 CSS 规则"对话框，具体设置如图 4-70 所示，单击"确定"按钮，在弹出的".fangk 的 CSS 规则定义"对话框中选择"方框"分类，具体设置如图 4-71 所示，完成后单击"确定"按钮。

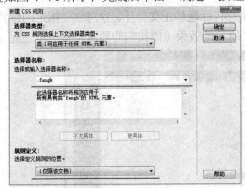

图 4-70 "新建 CSS 规则"对话框

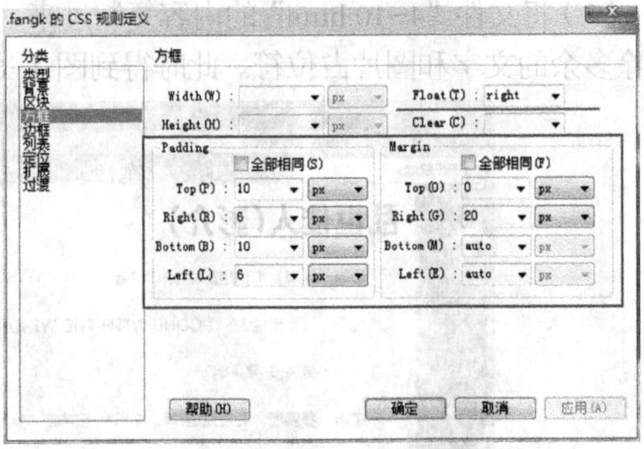

图 4-71 ".fangk 的 CSS 规则定义"对话框

（6）选择页面中的图片，在"属性"面板的"类"选项下拉列表中选取"fangk"。

（7）保存文件，并按 F12 键预览效果。

4.3.8 设置扩展属性

"扩展"样式属性包括滤镜、分页和指针选项。在"CSS 规则定义"对话框的"分类"列表框中选择"扩展"选项卡，即可在该对话框右侧进行设置，如图 4-72 所示。

图 4-72 CSS 的"扩展"属性对话框

"扩展"属性中各选项的含义介绍如下。

● "Page-break-before"：控制打印时在 CSS 样式的网页元素之前进行分页。

● "Page-break-after"：控制打印时在 CSS 样式的网页元素之后进行分页。

● "Cursor"：用于设置鼠标指针移动到应用 CSS 样式的网页元素上的形状。

● "Filter"：用于设置应用 CSS 样式的网页元素的特殊效果，不同的选项有不同的设置参数的方法。

提示：Dreamweaver 中提供了许多其他扩展属性，但是必须使用"CSS 样式"面板才能访问这些属性。查看提供的扩展属性的列表的方法是：打开"CSS 样式"面板（"窗口>CSS 样式"），单击该面板底部的"显示类别视图"按钮 ，然后展开"扩展"类别。

4.4 应用 CSS 样式的方法

4.4.1 内联 CSS 样式

内联 CSS 样式是所有 CSS 样式中比较简单、直观的方法，就是直接把 CSS 样式代码添加到 HTML 的标签中，即作为 HTML 标签的属性存在。通过这种方法，可以很简单地对某个元素单独定义样式。

使用内联 CSS 样式方法是直接在 HTML 标签中使用 style 属性，该属性的内容就是 CSS 的属性和值，其格式如下：

内联 CSS 样式

内联 CSS 样式仅是 HTML 标签对于 style 属性的支持所产生的一种 CSS 样式表编写方式，并不符合表现与内容分离的设计模式，使用内联 CSS 样式与表格布局从代码结构上来说完全相同，仅利用了 CSS 对于元素的精确控制优势，并没有很好地实现表现与内容的分离，所以这种书写方式应当尽量少用。

4.4.2 内部样式表

内部样式表是将 CSS 样式的定义直接写在 HTML 文档 head 部分的 Style 标签内。这种写法虽然没有完全实现页面内容与 CSS 样式表现的完全分离，但可以将内容与 HTML 代码分离为两个部分进行统一的管理。

新建一个 CSS 样式时，在"新建 CSS 规则"对话框中的"规则定义"下拉列表中如果选择"仅限该文档"，如图 4-73 所示，则所新建的 CSS 样式便会成为内部样式；如果选择"新建样式表文件"，则所建样式便会成为外部样式。由此可见，上文建立的 CSS 样式均是内部样式。

4.4.3 外部样式表

外部样式表是一系列存储在一个单独的外部文件（.css 文件，并非 HTML 文件）中的 CSS 样式。利用文档 head 部

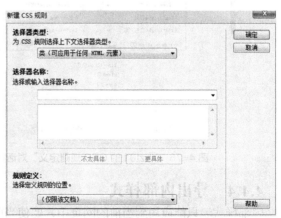

图 4-73 "新建 CSS 规则"对话框

分中的链接，该文件可以被链接到 Web 站点中的一页或多页上。

新建一个 CSS 样式时，在"新建 CSS 规则"对话框中的"规则定义"下拉列表中选择"新建样式表文件"，如图 4-74 所示，设置好相关参数，单击"确定"按钮，即会弹出"将样式表文件另存为"对话框，如图 4-75 所示。在该对话框中设定保存位置和文件名，所创建的 CSS 样式就会以扩展名为".css"的文件形式保存。

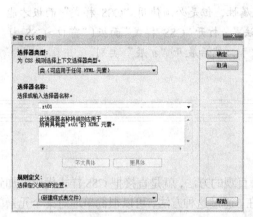

图 4-74 "新建 CSS 规则"对话框　　　　图 4-75 "将样式表文件另存为"对话框

【实例 4-11】为本书附带的实例站点创建外部样式表文件，具体操作如下。

（1）打开"CSS 样式"面板，单击"新建 CSS 规则"按钮 🔁，弹出"新建 CSS 规则"对话框，具体设置如图 4-74 所示。单击"确定"按钮，在弹出的"将样式表文件另存为"对话框中设置如图 4-75 所示，单击"保存"按钮。

（2）在弹出的".zt01 的 CSS 规则定义"对话框中选择"类型"分类，设置如图 4-76 所示。设置完成后单击"确定"按钮。

（3）此时在"CSS 样式"面板中就会出现创建好的外部样式表文件的名称，以及所包含的样式文件的名称及属性，如图 4-77 所示。

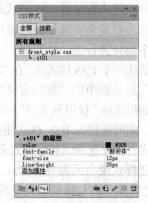

图 4-76 ".zt01 的 CSS 规则定义"对话框　　　图 4-77 "CSS 样式"面板

4.4.4　导出内部样式

内部样式表只能应用到当前的网页中，要使当前网页中的内部样式应用到站点的其他网页中，可以将内部样式导出为外部样式表文件。这样，就可以通过链接样式表使整个站点的其他网页应用该样式表文件。

【实例4-12】将本书附带的实例文件"web\d4\4-10a.html"中的".fangk"样式导出到外部样式表文件"css/front_style.css"中，具体操作如下。

（1）打开文件"web\d4\4-10a.html"，并打开"CSS样式"面板，如图4-78所示，在"全部>所有规则"列表中找到".fangk"，单击鼠标右键，在弹出的快捷菜单中选择"移动CSS规则"，如图4-79所示。

图4-78　"CSS样式"面板

图4-79　快捷菜单

（2）此时会弹出"移至外部样式表"对话框，如图4-80所示，单击"浏览"按钮会弹出"选择样式表文件"对话框，如图4-81所示。

图4-80　"移至外部样式表"对话框

图4-81　"选择样式表文件"对话框

（3）选取目标文件"css/front_style.css"，单击"确定"按钮，URL 就会出现在"移至外部样式表"对话框中，如图 4-82 所示。

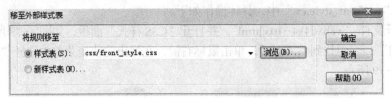

图 4-82 "移至外部样式表"对话框

（4）单击"确定"按钮，".fangk"样式就被移到了外部样式表文件"front_style.css"中。如图 4-83 所示。

4.4.5 导入或链接 CSS 样式

导入样式与链接样式基本相同，都是创建一个单独的 CSS 样式文件，然后引入到 HTML 文件中，只不过语法和运作方式上有区别。采用导入的 CSS 样式，在 HTML 文件初始化时，会被导入到 HTML 文件中作为文件的一部分，类似于内嵌样式。而链接样式是在 HTML 标签需要 CSS 样式风格时才以链接方式引入。

图 4-83 "CSS 样式"面板

导入外部样式是指在嵌入样式的<style>与</style>标签中，使用@import 导入一个外部 CSS 样式。

【实例 4-13】为页面导入 CSS 样式。

（1）打开本书附带的实例文件"web\d4\4-13.html"，页面效果如图 4-84 所示。

图 4-84 原文件页面效果

（2）为该页面导入站点 web 下的"css/front_style.css"文件，具体操作如下：打开"CSS 样式"面板，单击"附加样式表"按钮 ，弹出如图 4-85 所示的"链接外部样式表"对话框。

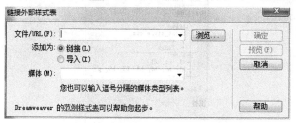

图 4-85　"链接外部样式表"对话框

（3）在"添加为："项中选择"导入"，然后单击"浏览"按钮，在弹出的"选择样式表文件"对话框中设置如图 4-86 所示，单击"确定"按钮。

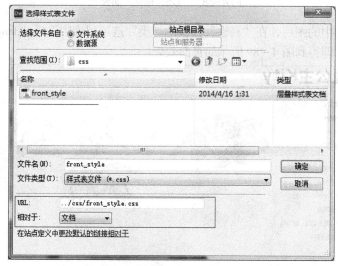

图 4-86　"选择样式表文件"对话框

（4）此时"链接外部样式表"对话框中的"文件/URL"文本框中出现所选的 CSS 样式文件地址，如图 4-87 所示，单击"确定"按钮。

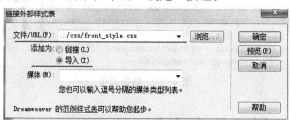

图 4-87　"链接外部样式表"对话框

（5）至此，"front_style.css"文件就出现在"CSS 样式"面板中了，如图 4-88 所示。

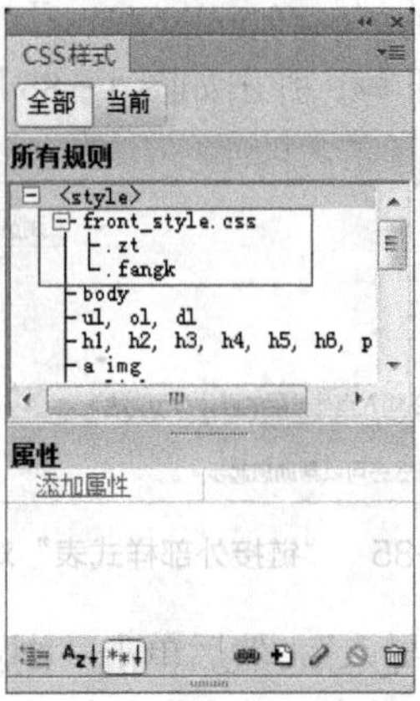

图 4-88　"CSS 样式"面板

（6）选中页面中的图片，在"属性"面板的"类"选项列表中选择".fangk"，保存文件，并按 F12 键预览，即得到图 4－89 所示的页面效果。

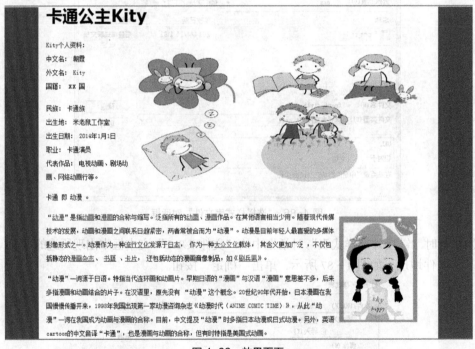

图 4-89　效果页面

4.5　应用 CSS 样式综合实例

了解了 CSS 样式的各项功能后，下面通过综合实例让读者进一步掌握 CSS 各项功能在网页中的具体应用。

打开本书附带的实例文件"web\d4\4-14.html"，页面效果如图 4-90 所示。

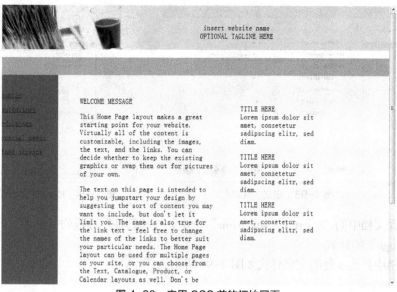

图 4-90　应用 CSS 前的初始网页

下面用 CSS 修饰页面。基本构想是将修饰工作分为四步：第一步，为页面设置标题及文字的字体、大小、颜色与行高；第二步，为网页加入一些美化的线条；第三，设置导航链接的样式；第四，为导航链接之间添加分隔线。具体操作如下所述。

1．设置标题及文字的字体、大小、颜色与行高等

（1）打开"CSS 样式"面板，单击面板右下角的 "新建 CSS 规则"按钮 ，在弹出的"新建 CSS 规则"对话框中，将"选择器类型"设置为"类（可应用于任何 HTML 元素）"，在"选择器名称"文本框中输入".logo"，从"规则定义"下拉列表中选择"仅限该文档"选项，单击"确定"按钮，如图 4-91 所示。

（2）此时弹出".logo 的 CSS 规则定义"对话框，在对话框的"类型"分类中设置"Font-family"为 "Arial, Helvetica, sans-serif"、"Font-size"为 "24px"、"Font-height"为 "30px"、"Color"为 "#5C743D"，如图 4-92 所示。

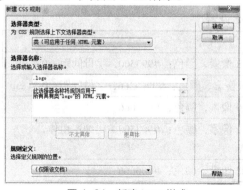

图 4-91　新建.logo 样式

图 4-92　定义"类型"

（3）再选择"区块"分类，将"Letter-spacing"设置为"0.2em（字体高）"，如图 4-93 所示。

（4）单击"确定"按钮，此时建立了一个名称为 ".logo"的类样式，在"CSS 样式"面板的样式列表中出现了该样式，如图 4-94 所示。

图 4-93　定义"区块"　　　　　　　　图 4-94　logo 样式出现在面板中

（5）选择文档中的"insert website name"文字，在"属性"面板的"样式"下拉列表中选择名称为"logo"的样式。

（6）文档中其他 5 处的文字样式如图 4-95 所示。

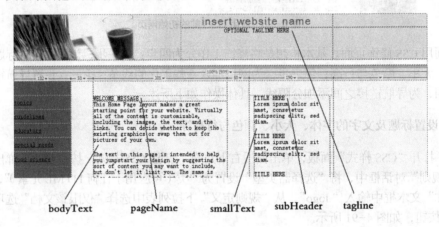

bodyText　　　　pageName　　　　smallText　　　subHeader　　　tagline

图 4-95　文字的样式

样式的具体设置如表 4-1 所示。

表 4-1　　　　　　　　　　　　　样式的具体设置

样式名称	设 置 内 容
tagline	字体：Arial，大小：11 像素，行高：18 像素，颜色：#993300，字母间距：0.4 em
pageName	字体：Arial，大小：18 像素，行高：26 像素，颜色：#99CC66，字母间距：0.21 em
bodyText	字体：Arial，大小：11 像素，行高：20 像素，颜色：#666666
subHeader	字体：Arial，大小：11 像素，行高：22 像素，颜色：#993300，粗细：粗体，字母间距：0.2 em
smallText	字体：Arial，大小：10 像素，行高：22 像素，颜色：#666666

2．用线条来美化页面

（1）在网页中可以添加一些线条达到美化的效果。把光标定位在文档中绿色的表格中，选择"插入> 表格对象>在上面插入行"命令，文档中将增加一行表格。此时表格高度较高，可以通过应用 CSS 样式，使该行表格变成线条。

（2）打开"CSS 样式"面板，单击面板右下角的 "新建 CSS 规则"按钮，在弹出的"新建 CSS 规则"对话框中，将"选择器类型"设置为"类"，在"选择器名称"文本框中输入".line"，将"规则定义"设置为"仅限该文档"，如图 4－96 所示。

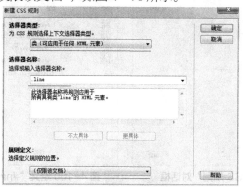

图 4-96 "新建 CSS 规则"对话框

（3）单击"确定"按钮，在弹出的".line 的 CSS 规则定义"对话框中，设置"Line-height"为"2px"，如图 4－97 所示。再选择"背景"分类，将"Background-color"设置为"#5C743D"，如图 4－98 所示。

图 4-97 定义".line"样式的类型属性 　　图 4-98 定义".line"样式的背景属性

（4）单击"确定"按钮，返回"CSS 样式"面板，可看到新建的".line"样式出现在样式列表中。

（5）选择在步骤(2)中插入的行，在"属性"面板的"样式"下拉列表中选择名称为"line"的样式。应用了该样式后，该行表格就变成了一条高度为 2 像素的线条。

（6）用同样的方法，在绿色表格的下方插入一行，并应用名称为"line"的样式。

3．为导航链接设置 CSS 样式

（1）接下来为文档左边的导航链接设置 CSS 样式。选择导航链接所在的表格，在属性面板的"表格 ID"文本框中输入名称"navigation"。

（2）打开"CSS 样式"面板，单击面板右下角的 "新建 CSS 规则"按钮，在弹出的"新建 CSS 规则"对话框中，将"选择器类型"设置为"复合内容（基于选择的内容）"，在"选择器名称"文本框中输入"#navigation a"，将"规则定义"设置为"仅限该文档"，单击"确定"按钮，如图 4－99 所示。

（3）在弹出的"#navigation a 的 CSS 规则定义"对话框中，设置"Font-family"为"Arial, Helvetica, sans-serif"，"Font-size"为"11px"，"Font-weight"为"bold"，"Line-height"为"16px"，"Color"为"#D5EDB3"，"Text-decoration"设置为"none"，如图 4-100 所示。

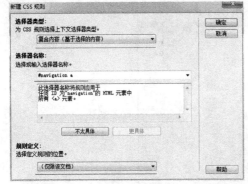 

图 4-99 "新建 CSS 规则"对话框　　　　图 4-100 定义 "#navigation a" 样式的类型属性

（4）再选择"区块"分类，将"Letter-spacing"设置为"0.1 em（字体高）"，将显示设置为"block"，如图 4-101 所示。

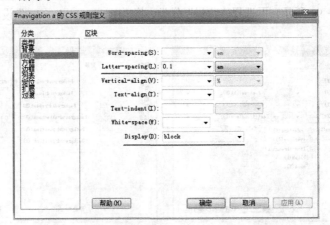

图 4-101 定义 "#navigation a" 样式的区块属性

（5）再选择"方框"分类，将填充的上、右、下和左分别设置为 8 像素、6 像素、10 像素和 20 像素，如图 4-102 所示。

（6）单击"确定"按钮，样式建立完毕。

（7）打开"CSS 样式"面板，单击面板右下角的"新建 CSS 规则"按钮，在弹出的"新建 CSS 规则"对话框中，将"选择器类型"设置为"复合内容（基于选择的内容）"，在"选择器名称"文本框中输入"#navigation a:hover"，将"规则定义"设置为"仅限该文档"，单击"确定"按钮，如图 4-103 所示。

图 4-102 定义 "#navigation a" 样式的方框属性

图 4-103 "新建 CSS 规则" 对话框

（8）在弹出的 "#navigation a:hover 的 CSS 规则定义" 对话框中，设置类型中的 "Color"为 "#993300"，如图 4 - 104 所示。

（9）再选择 "背景" 分类，将 "Background-color" 设置为 "#99CC66"，如图 4 - 105 所示。

图 4-104 定义 "#navigation a:hover" 的类型属性

图 4-105 定义 "#navigation a:hover" 的背景属性

（10）单击 "确定" 按钮，应用于导航链接的 CSS 样式建立完毕。

4．为导航链接之间添加分隔线

（1）打开 "CSS 样式" 面板，单击面板右下角的 "新建 CSS 规则" 按钮 ，在弹出的 "新建 CSS 规则" 对话框中，将 "选择器类型" 设置为 "复合内容"（基于选择的内容），在 "选择器名称" 文本框中输入 "#navigation td"，将 "规则定义" 设置为 "仅限该文档"，单击 "确定"按钮，如图 4 - 106 所示。

（2）在弹出的 "#navigation td 的 CSS 规则定义" 对话框中，选择 "边框" 分类，设置下边框的 "Width" 为 "1px"，"Color" 为 "#F4FFE4"，如图 4 - 107 所示。

（3）单击 "确定" 按钮，应用于导航单元格的样式建立完毕。

（4）保存文件，按 F12 键预览网页。应用了 CSS 样式后的网页如图 4 - 108 所示。

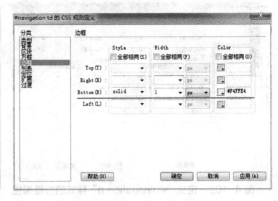

图 4-106 "新建 CSS 规则"对话框　　　　图 4-107　定义"#navigation td"样式的边框属性

图 4-108　应用 CSS 后的网页 health.html

4.6　小结

本章通过实例向用户介绍了在 Dreamweaver CS6 中 CSS 样式的分类、属性及使用方法。CSS 样式在网页制作方面是一项非常重要的技术,它现在已经得到了非常广泛的使用。希望通过本章的学习,用户可以根据不同的需要将 CSS 技术应用到网页中。

4.7　习题

一、填空题

1. 新建一个 CSS 样式时,提供的 CSS 选择器类型有 4 种,分别是:_____、_____、_____和_____。

2. 链接外部样式可以通过_____或_____的方法。

3. 类样式名称必须以_____开头。

4. ID 样式名称必须以_____开头。

二、选择题

1. 外部 CSS 文件的后缀名是(　　)。

A. html　　　　　　B. htm　　　　　　C. css　　　　　　D. dwt

2. CSS 的中文全称是（　　）。

A. 层叠样式表　　B. 层叠表　　　　C. 样式表　　　　　D. 以上都正确

3. CSS 样式属性分为 9 个部分，下面哪一项不属于 CSS 样式属性（　　）。

A. 类型　　　　　B. 背景　　　　　C. 图像　　　　　　D. 列表

4. CSS 样式的类型有 4 个部分，它们是（　　）。

A. 类型、背景、边框和方框

B. 类、ID、标签和复合内容

C. 列表、定位、扩展和过渡

D. 以上都正确

三、判断题

1. 在 Dreamweaver CS6 中，可以把已经创建的仅用于当前文档的内部样式表转化成外部样式表。（　　）

2. 标签样式的名称必须以英文输入法状态下的句点开头。（　　）

四、简答题

1. 简要说明内部样式和外部样式的区别。

2. 若想将内部样式表中的样式保存为外部样式表，该如何操作？

3. 在利用 CSS 定义超级链接的样式时，有 4 种链接状态可供选择，请你用直线将各选择和对应的含义连起来。

a:link　　　　　　　　已链接过的状态

a:visited　　　　　　　在被使用者选择时的状态

a:hover　　　　　　　最近没有被访问的链接状态

a:active　　　　　　　鼠标光标移到链接文字上的状态

4.8　上机实训

制作一个简单的网站，要求用外部样式来统一网站风格，用样式设置背景图像、页面居中、文本样式等，即尽可能应用所学的知识。

PART 5

第 5 章
表格与 AP Div

情景导入

　　小白学习网页制作的劲头很足，现在已经开始学习网页布局了，网页布局要从表格和 AP Div 入手，由浅入深，循序渐进。

知识技能目标

- 表格属性的设置及基本操作。
- AP Div 属性的设置及基本操作。
- 页面规划。

- 表格布局的具体应用。
- AP Div 布局的灵活运用。

课堂案例展示

页面预览效果

5.1 页面规划概述

在全面考虑好网站的栏目、链接结构和整体风格之后，就可以正式动手制作页面了。制作页面的第一步是版面布局。版面布局就是在一定范围内合理安排、布置图像、文字等网页元素的位置，将它们按主次顺序陈列出来，以达到装饰、美化页面的效果。

5.1.1 布局的样式

网页的布局样式大致可分为如下几种类型。

1. "同"字型

"同"字型布局结构也称"国"字型或"口"字型布局结构，此种布局的最上边是网站的标题及横幅广告，左右分列两条内容，中间是主要部分，与左右一起罗列到底。最下边的是版权区，常用于陈列网站的一些基本信息、联系方式、版权声明等。如图 5-1 所示，"同"字型布局结构大概是在网上见到的最多的一种结构类型。该布局的优点是充分利用版面，信息量大，与其他页面的链接多，切换方便；缺点是页面拥挤，不够灵活。中国工商银行中国网站的主面就属于"同"字型布局结构，如图 5-2 所示。

图 5-1　"同"字型布局结构

图 5-2　"同"字型布局结构页面

2．"T"字型

"T"字型布局结构也称"拐角型"布局结构，该布局的页面顶部是标题及横幅广告，左侧通常用来放导航链接，右侧大部分空间用来显示网页的内容，如图5-3所示。这是网页设计中用得较为广泛的布局格式，也是初学者最容易上手的布局之一。此种布局的优点是页面结构清晰，主次分明，栏目扩充便利；缺点是规矩呆板，如果细节色彩上不加注意，很容易落入"看之无味"的感觉。平面设计–我要自学网的界面就属于"T"字型布局结构，如图5-4所示。

图5-3　"T"字型布局结构

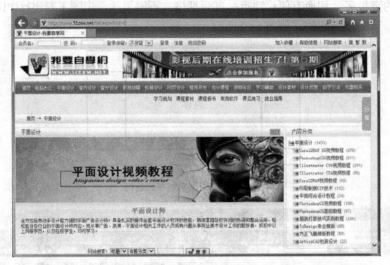

图5-4　"T"字型布局结构页面

3．标题正文型

这种类型最上面是标题或类似的一些东西，下面是正文，如图5-5所示。一些文章页面或注册页面就是这种类型。中国工商银行的网银系统界面就属于标题正文型布局，如图5-6所示。

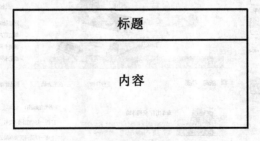

图5-5　标题正文型布局结构

图 5-6　标题正文型布局结构页面

4．左右框架型

这是一种左右分割屏幕的框架结构，一般左面是导航链接，最上面有时会有一个小的标题或标志，右面通常显示左边的链接内容，如图 5-7 所示，常见的大型论坛都是这种结构，有一些企业网站也喜欢采用这种布局。其优点是结构清晰，自由活泼，可显示较多的文字、图像；缺点是将两部分有机地结合比较困难，不适合数据巨大的网站。CSS 速查手册-网页陶吧的界面就属于左右框架型布局结构，如图 5-8 所示。

图 5-7　左右框架型布局

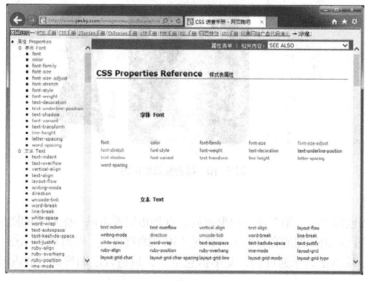

图 5-8　左右框架型布局页面

5．上下框架型

上下框架型与左右框架型类似，区别仅在于这里采用上下分割而已。如网页侯臣咖啡的界面就属于上下框架型布局结构，如图 5-9 所示。

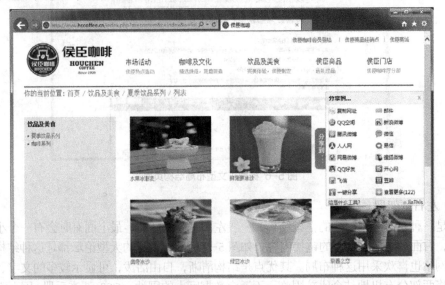

图 5-9　上下框架型布局

6．综合框架型

综合框架型是前述两种结构的结合，是相对复杂的一种框架结构，较为常见的是类似于"T"型结构，只是采用了框架结构，如图 5-10 所示的界面就属于综合框架型布局结构。

图 5-10　综合框架型布局

7．封面型

封面型布局也称"pop 型"或自由型布局，这种布局通常以一张精美的图片作为页面的设计中心，菜单栏目自由地摆放在页面上，常见于网站的首页或一些时尚类站点。其优点是页面令人赏心悦目；缺点是显示速度慢，文字信息量少，只适合以图像为主要内容的站点，如图 5-11 所示。

图 5-11　封面型布局

8. Flash 型

这种结构与封面型类似，只是这里采用了目前流行的 Flash 设计，与封面型不同的是，页面所表达的信息因 Flash 的强大功能而更为丰富，页面上不仅可以有文字、图像，还可以加入动画、视频与音频效果，如图 5-12 所示。

图 5-12　Flash 型布局

9. 变化型

变化型是上面几种类型的综合与演变，如图 5-13 所示。

图 5-13　变化型布局

5.1.2 布局的选择

如何选择布局，要视情况而定：如果内容非常多，就可以考虑"国字型"或"拐角型"；如果内容不算太多，只是说明性的东西较多，则可以考虑"标题正文型"。几种框架结构的一个共同特点是浏览方便，速度快，只是结构变化不灵活。如果是一个企业网站或个人主页想展示企业形象或个人风采，封面型或 Flash 型是首选。综合变化型，是实用与创意才思的巧妙结合。

网页是网站访问者最先看到的信息，它只有在第一时间吸引浏览者的注意，才能把浏览者留下来。好的网页应该干净整洁、条理清晰、引人入胜，而不是将浏览者的注意力放到一个杂乱的环境中，如过多的闪烁、色彩、下拉列表等。因此，布局的选择和策划尤为重要。

5.1.3 布局的过程

布局类型确定后，接下来就需要根据内容来调整页面的结构，细化页面以实现其展现内容的需求。

1．设定页面的尺寸

由于页面尺寸和显示器的大小及分辨率有关，而且浏览器窗口也要占去一定的空间，剩下的才是页面显示范围。一般分辨率在 800 像素×600 像素的情况下，页面的显示尺寸为 780 像素×432 像素；分辨率在 1024 像素×768 像素的情况下，页面的显示尺寸为 1002 像素×612 像素。

2．放置功能模块

比如首页，一般需要这样一些模块：网站名称/标志(logo)、广告条(banner)、主菜单(menu)、新闻（what's new）、搜索（search）、友情链接（links）、邮件列表（maillist）、计数器（count）、版权（copyright）等，选择哪些模块，实现哪些功能，是否需要添加其他模块都是首页设计首先需要确定的。其他页面的考虑也如此，只是比主页的要简单些。

3．布局细化与调整

布局细化与调整是指调整各功能模块上所加入的对象在各个方向上的相对大小。这一般不可能一步做到位，但大体的思路应该比较清晰。在网页制作之前，各项内容应该准备到位，否则会浪费时间。

5.1.4 布局的工具

Adobe Dreamweaver CS6 提供了 5 种方法用于规划和设计页面：表格、Div+CSS、流体网格布局、AP Div 布局和框架。

表格：目前仍有很多的网站在使用表格布局，表格布局的特点是简单易学。另一方面对于嵌套表格的布局会产生冗余代码，对服务器端及网络流量又是不小的压力，对网页布局的调整和修改也不是一件容易的事情。

Div+CSS：Div 是一个专门用于布局设计的容器对象。其功能仅仅是将一段信息标记出来用于后期的样式定义，而 CSS 能够对网页中的对象的位置排版进行像素级的精确控制。因此 Div+CSS 布局就具备了以下优势：浏览器支持完善、表现与结构分离、样式设计控制功能强大和继承性能优越。

流体网格布局：流体网格布局是 Dreamweaver CS6 新增的功能，主要是针对目前流行的智能手机、平板电脑和桌面电脑 3 种设备。使用流体网格布局页面，可以使页面能够适应 3 种不同的设备，并且可以随时在 3 种不同的设备中查看页面的效果。

AP Div 布局：AP Div 本质上也是 Div，但 AP Div 可以前后放置，体现了网页技术从二维空间向三维空间的延伸，也是一种新的发展方向。

框架：是另一种重要的网页元素定位方法，是实现在浏览器窗口中显示多个 Web 文件的网页技术，一个典型的例子如前面提到的对称布局，就可以使用框架将浏览器窗口划分为左右两个区域（两个框架），在左边显示包含导航控件的文档，而右边显示含有内容的文档。因此，框架常用于导航页设计。

5.2　表格

在网页中使用表格通常有两种用途，一是用于网页布局，通过调整表格的高度、宽度、比例等属性来定位页面元素，达到布局网页的目的；二是可以在网页中直接显示表格数据。使用表格可以清晰地显示大量的数据，让网页变得更加美观。

5.2.1　表格属性

1．"表格"对话框

在 Adobe Dreamweaver CS6 中，可以选择"插入>表格"命令或者单击"插入"面板上的"表格"按钮圌，弹出"表格"对话框，在该对话框中可以设置表格的行数、列数、表格宽度、单元格间距、单元格边距、边框粗细等选项，如图 5-14 所示。

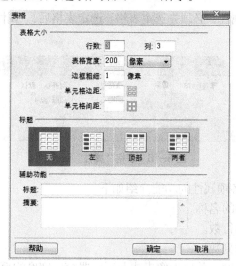

图 5-14　"表格"对话框

下面是"表格大小"项中一些属性的功能。

- **"行数"**：设置表格的行数。
- **"列"**：设置表格的列数。
- **"表格宽度"**：设置表格的总宽度，单位有百分比和像素两种选择。
- **"边框粗细"**：设置表格边框的粗细，以像素为单位，默认值为 1。如不想显示表格线，在此文本框中可输入 0。
- **"单元格边距"**：设置单元格内容与单元格之间的像素值。
- **"单元格间距"**：设置相邻单元格之间的像素值，如图 5-15 所示。

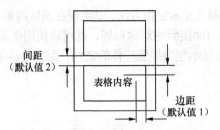

图 5-15　单元格的"边距"和"间距"

"标题"项中各属性的功能介绍如下。

- **"无"**：对表格不使用列标题或行标题。
- **"左"**：表的第一列作为标题列，以便用户为表中的每一行输入一个标题。
- **"顶部"**：表的第一行作为标题行，以便用户为表中的每一列输入一个标题。
- **"两者"**：设置在表中同时输入列标题和行标题。

"辅助功能"项中各属性的功能介绍如下。

- **"标题"**：设置一个显示的表格标题，标题不在表格之内。
- **"摘要"**：设置表格的说明，内容不会显示在浏览结果中。

2．表格属性

要了解或修改表格的属性，必须先选定表格。选定表格后，"属性"面板中对应表格的各属性参数，如图 5-16 所示。

图 5-16　表格"属性"面板

表格"属性"面板中各项属性的功能介绍如下。

- **"表格"**：设置表格的名称。
- **"行"**：设置表格的行数。
- **"列"**：设置表格的列数。
- **"宽"**：设置表格宽度，单位为像素或占浏览器窗口宽度的百分比。
- **"填充"**：设置单元格内部（单元格内容与单元格之间）的空间。
- **"间距"**：设置单元格之间的空间。
- **"对齐"**：设置表格相对于同一段落中其他元素（如文本或图像）的显示位置。
- **"边框"**：设置表格边框的宽度，单位为像素。
- **"类"**：为选定对象加入 CSS 样式。
- 🔲：清除所设置的列宽。
- 🔲：清除所设置的行高。
- 🔲：设置列宽的单位为像素。
- 🔲：设置列宽的单位为百分比。

3．单元格属性

要了解或修改表格元素的属性，必须先选定表格元素。选定表格元素后，"属性"面板中对应表格元素的各属性参数，如图 5-17 所示。

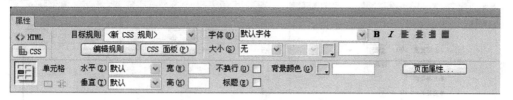

图 5-17　表格元素"属性"面板

其中，单元格"属性"面板中各项属性功能如下。

- □：合并所选单元格，使用跨度。
- ⚘：拆分所选单元格为行或列。
- **"水平"**：设定单元格、行或列内容的水平对齐方式。
- **"垂直"**：设定单元格、行或列内容的垂直对齐方式。
- **"宽"和"高"**：设置单元格的宽度和高度，单位默认为像素。
- **"不换行"**：防止换行，设置单元格中的所有文本都在一行上。
- **"标题"**：将所选的单元格设置为表格标题单元格。默认情况，表格标题单元格的内容为粗体居中。
- **"背景颜色"**：设置单元格、行或列的背景颜色。

5.2.2　表格操作

表格由行、列、单元格 3 个部分组成，使用表格可以排列页面中的文本、图像及各种对象。表格的行、列、单元格都可以复制和粘贴，并且在表格中还可以插入表格，一层层的表格嵌套使设计更加灵活。

1．插入表格

在 Dreamweaver CS6 中，插入表格的方法有以下两种。

◇　选择"插入>表格"命令，如图 5-18 所示。

◇　单击"插入"面板中的"表格"按钮，如图 5-19 所示。

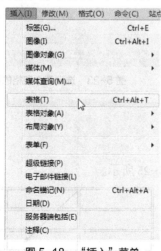

图 5-18　"插入"菜单

图 5-19　"插入"面板

在弹出的"表格"对话框中可以设置其相应属性，如图 5-20 所示，单击"确定"按钮，表格就可以插入到文档中了，如图 5-21 所示。插入的表格还可以在其"属性"面板中修改各项属性的值，如调整表格的宽度、边框的有无及粗细等。

图 5-20 "表格"对话框

图 5-21 插入表格的页面

2．选取表格

（1）选取整个表格。

若要选定整个表格，可执行下列操作之一。

✧ 将光标移动到表格的左上角或表格边缘，单击，至表格四周出现控制手柄，如图 5-22 所示。

✧ 单击表格区域内的任意位置，再单击文档窗口左下角的标签选择器中的\<table\>标签，如图 5-23 所示。

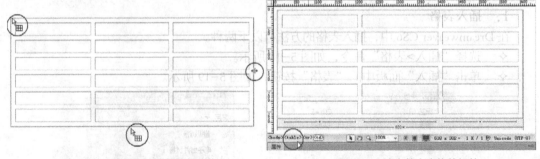

图 5-22 选定整个表格的操作点　　　　　图 5-23 选定整个表格的标签

（2）选取行或列。

选定表格中的行或列有如下所示的操作方法。

✧ 用箭头选定表行或表列，如图 5-24 所示。

✧ 单击鼠标左键拖动选定表行或表列，如图 5-25 所示。

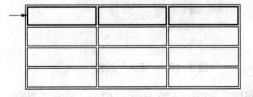
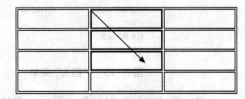

图 5-24 用箭头选定表行或表列　　　　　图 5-25 拖动鼠标选定表行或表列

（3）选取单元格。

在表格中选取单元格可用如下方法。

- ✧ 按下 Ctrl 键的同时用鼠标单击单元格，可以选取一个单元格。
- ✧ 单击鼠标左键拖曳选取多个连续的单元格。
- ✧ 按下 Ctrl 键的同时用鼠标连续单击单元格，可以选择不连续的单元格，如图 5-26 所示。
- ✧ 单击标签选择器中的<tr>标签可选择表行单元格，如图 5-27 所示。
- ✧ 单击单元格或单击标签选择器中的<td>标签可选择表列单元格。

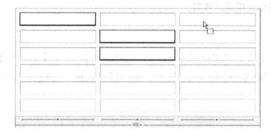

图 5-26　选取不连续的单元格　　　　　图 5-27　利用选择器标签选取单元格

3．合并与拆分单元格

（1）合并单元格。

合并单元格是指将多个连续的单元格并为一个单元格。需要注意的是，不连续的单元格不能合并。合并单元格的方法是：在表格中选中要合并的多个单元格，如图 5-28 所示，然后单击"属性"面板中的"合并单元格"按钮，所选取的多个单元格就合并成一个单元格了，如图 5-29 所示。

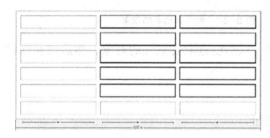
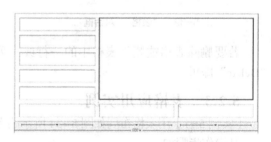

图 5-28　选取多个连续的单元格　　　　　图 5-29　合并单元格页面效果

（2）拆分单元格。

拆分单元格与合并单元格刚好相反，是将一个单元格拆分成多个单元格。其方法是：单击要拆分的单元格，然后单击"属性"面板中的"拆分单元格"按钮，弹出"拆分单元格"对话框，在其中设置好行或列的参数，如图 5-30 所示，即可将一个单元格拆分成多个单元格，如图 5-31 所示。

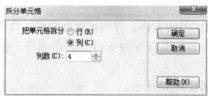

图 5-30　"拆分单元格"对话框

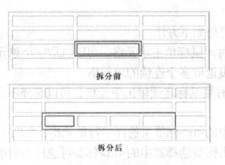

图 5-31　拆分单元格前后效果

4．表格嵌套与删除

表格嵌套是指在表格中再插入表格，这种方法在表格布局中比较常用。比如在一个两列的表格中插入一个 10 行 1 列的表格，具体设置如图 5-32 所示，单击"确定"按钮，表格即嵌入到了页面表格中，如图 5-33 所示。

图 5-32　"表格"对话框

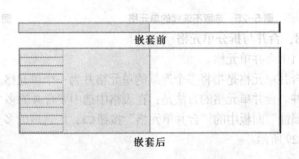

图 5-33　嵌套表格前后效果

若要删除表格或删除表格中的一行或一列，只需要选取要删除的对象，然后按删除键"Delete"即可。

5.2.3　表格应用实例

【实例 5-1】用表格布局如图 5-34 所示的页面。

其操作步骤如下。

（1）去掉内容后的布局结构，如图 5-35 所示。

（2）使用表格布局的方案，遵循由上到下、由外到内的原则，得到如图 5-36 所示的布局。

（3）分别制作 6 个横向表格，宽度一致，均为 1026px，并在"属性"面板中将它们全部设置为"水平居中"。

（4）将表格 1 设置为 2 行 6 列，并根据版面调整、合并相应的单元格。

（5）表格 2 和表格 3 为单行单列的表格。

（6）将表格 4 设置为 6 行 4 列的表格，并根据版面调整、合并相应的单元格。

（7）表格 5 为单行单列表格。表格 6 为 5 行 2 列的表格，根据版面调整、合并相应的单元格。

（8）调整后的表格布局如图 5-37 所示。

（9）将所有表格的边框设置为 0，利用 Dreamweaver 中的"跟踪图像"功能，载入图像并显示为 30%的透明度，调整表格尺寸和载入图片的位置，即实现如图 5-38 所示的效果。

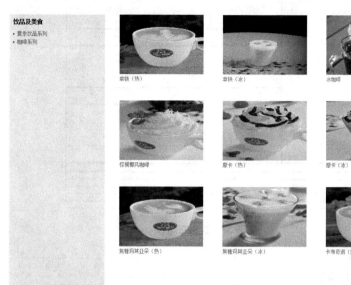

图 5-34　页面效果

图 5-35　页面布局 1　　　　图 5-36　页面布局 2

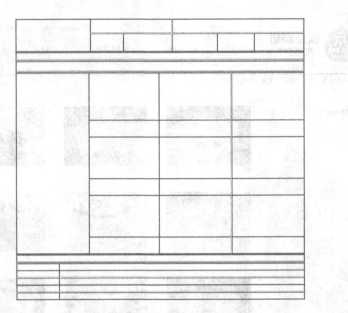

图 5-37　表格布局 3

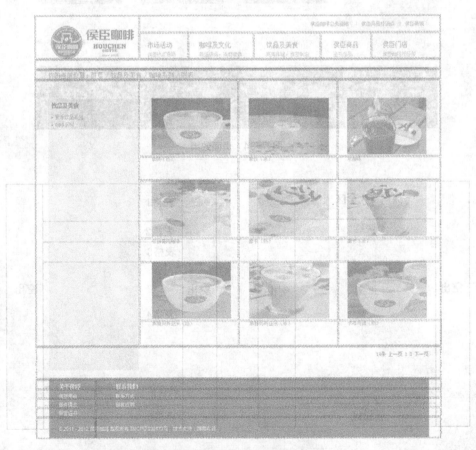

图 5-38　表格布局模式图像跟踪效果

5.2.4 表格的应用技巧

1．使用表格还是单元格

在网页中使用表格，特别是嵌套表格，其代价是降低了页面的下载速度，因此一般情况下不使用嵌套表格，而是使用单元格来代替表格。但这需要综合考虑，单元格之间有一个配合问题，修改一个单元格的属性，很可能会牵扯到其他的单元格，所以，为了避免这种情况，有时宁愿使用嵌套表格。

2．使用百分比还是像素

在定义表格宽度的时候，总要遇到度量单位的选择问题，像素与百分比，哪一个更好呢？这就要视情况来定，一般，网页最外层表格通常用像素作为度量单位，否则，表格的宽度会随着浏览器的大小而变化，如果没有设计页面的样式配合，则网页上的内容将会面目全非，变得不堪入目。如果是嵌套表格，则百分比和像素都可以。

3．使用一个大表格还是多个横向表格

一般，页面布局时如果用一个大表格套住网页中所有的内容，根据浏览器的显示原理，只有把整个表格中的内容下载完毕后才能显示整个表格，这样，这个网页的显示过程就是：页面空白→长时间等待→网页全部出现。若想避免这种情况，版面布局时可使用多个横向表格，这样可以做到下载一层，就马上显示一层，免去浏览者等待之苦。

5.3 AP Div 布局

AP Div 技术在网页布局中有其独到之处，除精确、灵活之外，它还可以实现让层中的元素在页面上随意移动的效果，这是其他布局工具达不到的。本节介绍如何在 Dreamweaver 中插入和选择 AP Div，以及如何设置 AP Div 的属性。

5.3.1 认识 AP Div 及"AP 元素"面板

1．什么是 AP Div

AP Div 就好比一个个容器，通常称为"层"，它可以包含诸如文字、图像、表格、插件等所有在 HTML 文件中出现的元素。设计者可以随意将这个容器放置在页面的任何位置，从而简单而又精确地实现定位页面元素。除此之外，AP Div 还有以下功能：

　　◇ AP Div 可以与表格相互转换，为不支持 AP Div 的浏览器提供解决方案；

　　◇ AP Div 可以让网页元素重叠；

　　◇ 通过与"行为"结合，AP Div 可以显示或隐藏，从而使网页达到快速下载的效果。

2．认识 AP 元素面板

在 Dreamweaver 中有多种创建 AP Div 的方法，可以插入、使用鼠标拖放，也可以绘制。为此 Dreamweaver 专门为 AP Div 设置了一个面板，在"AP Div 元素"面板中可以方便、快捷地对 AP Div 进行操作及对其相关属性进行设置。

可以执行"窗口>AP 元素"命令或按快捷键 F2，打开"AP 元素"面板，如图 5-39 所示。

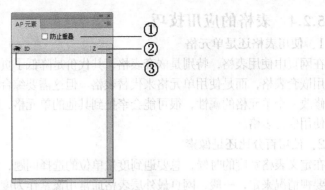

图 5-39 "AP 元素"面板

"AP 元素"面板中各元素的功能如下。

① **防止重叠**：勾选该复选框后，则绘制的 AP Div 不能重叠显示。

② **AP 元素的 Z 轴排列情况**：此处显示的是页面中 AP Div 的 Z 轴情况，Z 轴数值越大，则排列在页面中的层越高，即排列在前面。

③ **显示/隐藏/AP 元素**：用鼠标单击该眼睛标记，可以实现所有层的隐藏或显示。

5.3.2 AP Div 的基本操作

1. AP Div 的创建

在 Adobe Dreamweaver CS6 中，创建 AP Div 可以使用下列方法之一。

✧ 将光标放置在要插入 AP Div 的地方，然后选择"插入>布局对象>AP Div"命令，此时插入 AP Div 的大小固定为设定的默认值。

✧ 在"插入"面板的"布局"选项中单击"绘制 AP Div"按钮，如图 5-40 所示，鼠标在文档窗口内变成十字光标+，此时拖动鼠标可绘制所需要的 AP Div。

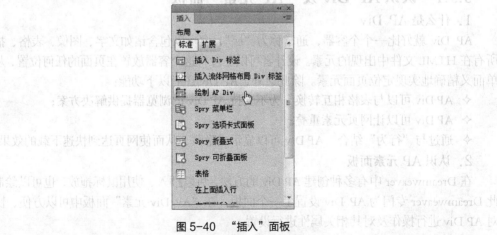

图 5-40 "插入"面板

✧ 直接将"绘制 AP Div"按钮拖曳到"文档"窗口中。

提示：要连续创建多个 AP Div，单击"绘制 AP Div"按钮时要加按 Ctrl 键。

2. 选取 AP Div

插入 AP Div 之后，可对 AP Div 的属性进行设置。首先应该选中 AP Div，选取 AP Div 的方法有以下两种。

◇ 将鼠标移到 AP Div 边框上，当鼠标光标变为 ✛ 状时，单击鼠标左键选择该 AP Div。选择后，AP Div 边框上有 8 个拖放手柄出现，如图 5-41 所示。

◇ 利用"AP 元素"面板，单击面板中的 AP Div 标签名称，如图 5-42 所示。

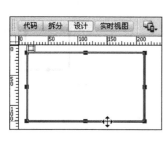

图 5-41　选取 AP Div

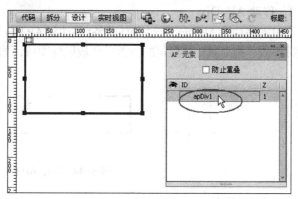

图 5-42 利用　"AP 元素"面板选取 AP Div

提示：在选择 AP Div 的同时按住 Shift 键，可以一次选中多个连续的 AP Div。选取 AP Div 后，用鼠标直接拖放 AP Div 的缩放手柄即可改变 AP Div 的尺寸。

3. 将 AP Div 转换成表格

首先利用 AP Div 的灵活性快速进行页面布局，然后使用 Adobe Dreamweaver CS6 提供的 AP Div 和表格的互换功能，可以调整布局和优化页面设计。

将 AP Div 转换成表格的具体操作方法是：选择"修改>转换>将 AP Div 转换为表格"命令，弹出如图 5-43 所示的对话框。

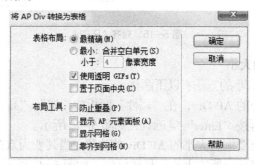

图 5-43　"将 AP Div 转换为表格"对话框

"将 AP Div 转换为表格"对话框中的各项功能介绍如下。

● **"最精确"**：为每个 AP Div 建立一个表格单元，以及为保持层与层之间的间隔建立必须的附加单元格。

● **"最小"**：如果几个层被定位在指定像素之内，这些层的边缘应该对齐。选择此项生成的空行、空列最少。

● **"使用透明 GIFs"**：用透明 GIF 图像填充表格的最后一行。这样可以确保表格在所有浏览器中的显示相同。

● **"置于页面中央"**：使生成的表格在页面上居中对齐。若不勾选此项，表格默认为左对齐。

● **"防止重叠"**：可以防止层重叠。

- **"显示 AP 元素面板"**：转换完成后显示"AP 元素"面板。
- **"显示网格"**：转换完成后启用显示网格功能。
- **"靠齐到网格"**：启用对齐网格的功能。

4．移动 AP Div

选中需移动的 AP Div 后，将鼠标指针移动到 AP Div 边框上，当其变为 ✥ 形状时，按住鼠标左键不放，拖动鼠标到指定的位置后释放鼠标即可，如图 5-44 所示。

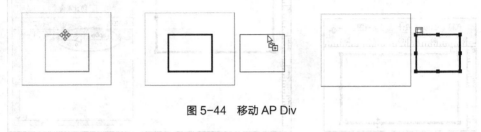

图 5-44　移动 AP Div

5．对齐 AP Div

利用 AP Div 布局常常需要对齐，其对齐方式有左对齐、右对齐、上对齐和对齐下缘。在进行对齐的过程中，Dreamweaver CS6 会默认以最后选中的 AP Div 为标准进行对齐。其方法是：选中需对齐的所有 AP Div 后，选择"修改>排列顺序"命令，再在弹出的子菜单中选择相应的子命令即可，如图 5-45 所示。

图 5-45　对齐 AP Div

6．调整 AP Div 的大小

常用的调整 AP Div 大小的方法有以下两种。

- ◇ 选中要调整大小的 AP Div，在"属性"面板的"宽"、"高"文本框中输入所需的宽度和高度值，再按"Enter"键确认，如图 5-46 所示。
- ◇ 将鼠标指针移至要调整大小的 AP Div 的边缘，当其变为双箭头形状时，按住鼠标左键不放，拖动鼠标至所需大小后释放鼠标，如图 5-47 所示。

图 5-46　在"属性"面板中调整

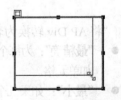

图 5-47　用鼠标调整

7．设置 AP Div 的堆叠顺序

如果创建了多个 AP Div 且需要将其堆叠在一起时，可以对其排列顺序进行设置来控制需要显示的内容。通常先创建的 AP Div 的 Z 轴顺序值低，而后创建的 AP Div 的 Z 轴顺序值高，且 Z 轴顺序值大的 AP Div 遮盖 Z 轴顺序值小的 AP Div 的内容。设置 AP Div 的堆叠顺序可以在

"属性"面板或"AP元素"面板中进行，也可以通过菜单命令来设置。

❖ 按住"Ctrl"键的同时选取需要改变堆叠顺序的AP Div，在弹出的"属性"面板的"Z轴"文本框中输入所需的数值，如图5-48所示。

图5-48 在"属性"面板中设置AP Div的堆叠顺序

❖ 打开"AP元素"面板，在"Z"栏中双击需要进行修改的AP Div对应的Z轴值，修改后在空白处单击即可，如图5-49所示。

❖ 选中需更改堆叠顺序的AP Div后，选择"修改>排列顺序"命令，在弹出的子菜单中选择"移到最上层"或"移到最下层"即可，如图5-50所示。

图5-49 "AP元素"面板

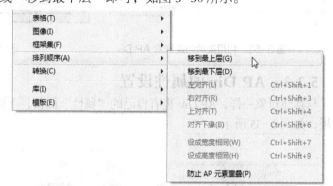

图5-50 利用菜单设置AP Div的堆叠顺序

8. 改变AP Div的可见性

通过设置AP Div的可见性可控制AP Div的隐藏与显示，以达到某些特殊的效果。这一功能与行为结合起来可以创建弹出式菜单。

隐藏AP Div可以通过菜单进行。选取要设置可见性的AP Div，在其上单击鼠标右键，在弹出的快捷菜单中选择"可视性>隐藏"命令，再在编辑窗口的空白区域单击即可隐藏AP Div，如图5-51所示。

若要显示隐藏的AP Div，则需要在"AP元素"面板中进行设置。在"AP元素"面板中被隐藏的AP Div前都有一个闭上的眼睛按钮 ，单击该按钮使眼睛睁开 ，被隐藏的AP Div就变为可见，如图5-52所示。

图5-51 利用快捷菜单设置可见性

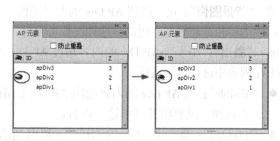

图5-52 利用"AP元素"面板设置可见性

9. 创建嵌套 AP Div

嵌套 AP Div 的含义：嵌套并不表示一个 AP Div 在另外一个 AP Div 里面显示，而是指一个 AP 元素的代码在另一个 AP 元素代码的内部。嵌套的 AP 元素被称为子 AP Div，它会随着父 AP 元素的移动而移动，继承父 AP 元素的可见性，且子 AP Div 的大小不受父 AP Div 的限制。

创建嵌套 AP Div 的方法很简单，将鼠标光标定位到所需的 AP Div 内，选择"插入>布局对象>AP Div"命令，如图 5-53 所示，即可在现有 AP Div 中创建一个嵌套 AP Div，如图 5-54 所示。使用相同的方法可以在一个 AP Div 中插入多个子 AP Div。

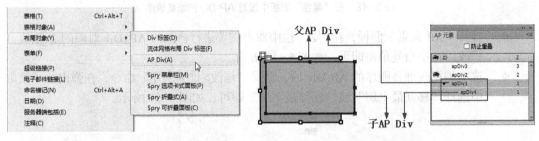

图 5-53 利用菜单创建嵌套 AP Div   图 5-54 AP Div 的父子关系

5.3.3 AP Div 的属性设置

与其他对象一样，AP Div 也有自己的"属性"面板，下面就来介绍一下 AP Div 的"属性"面板，如图 5-55 所示。

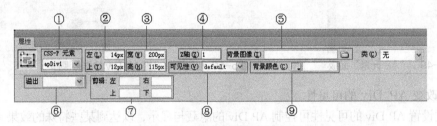

图 5-55 AP Div 的"属性"面板

AP Div 的"属性"面板中各项的功能介绍如下。

① **"CSS-P 元素"**：该文本框用于设置所选中的 AP Div 的名称。在网页中插入 AP Div 时，会自动按顺序命名为 apDiv1、apDiv2 等。

② **"左"和"上"**：用于设置 AP Div 左边界和上边界到浏览器左边框和上边框的距离，可输入数值，单位是像素。

③ **"宽"和"高"**：用于设置 AP Div 的宽度和高度，可输入数值，单位是像素。

④ **"Z 轴"**：用于设置 AP Div 的 Z 轴，可输入数值，这个数值可以是负值。当 AP Div 重叠时，Z 轴值大的 AP Div 将在最上面显示，覆盖或部分覆盖 Z 轴值小的 AP Div。

⑤ **"背景图像"**：用于设置 AP Div 的背景图像，可以填入背景图像的路径，也可以单击该选项后面的按钮，然后在弹出的"选择图像源文件"对话框中选择需要的图像。

⑥ **"溢出"**：用于当 AP Div 的内容超过 AP Div 的指定大小时做出的反应。可以根据需要从其下拉列表中选择以下选项。

- "Visible"：当 AP Div 的内容超出 AP Div 的指定大小时，AP Div 的边界自动向下及向右延伸，以容纳并显示这些内容。

- "Hidden"：保持 AP Div 的的尺寸，隐藏超出部分，且不提供滚动条。

- ● "Scroll"：在 AP Div 中加入滚动条，不论 AP Div 的内容是否超过 AP Div 的范围。
- ● "Auto"：当 AP Div 的内容超过 AP Div 的范围时自动添加滚动条。
- ⑦ **"剪辑"**：用于设置 AP Div 的可视区域。
- ⑧ **"可见性"**：用于确定初始化 AP Div 的显示情况。其下拉列表中的各选项含义如下。
- ● "Default"：表示不设置可见性属性。但大多数浏览器将其解释为 Inherit，即继承父层的可见性属性。
- ● "Inherit"：使用父层的可见性属性。
- ● "Visible"：显示 AP Div 的内容，而忽略父层的属性值。
- ● "Hidden"：隐藏 AP Div 的内容，而忽略父层的属性值。
- ⑨ "背景颜色"：设置 AP Div 的背景颜色。若要设置透明的背景，则不要对其进行修改。

5.3.4 使用 AP Div 布局实例

AP Div 与表格都可以用来在页面中定位其他对象，例如定位图片、文本等。但 AP Div 更灵活、更方便，在三维空间上更具优势。

【实例 5-3】利用 AP Div 布局制作如图 5-56 所示的页面。

图 5-56　页面效果

其操作步骤如下。

（1）新建一个空白的 HTML 文档。

（2）单击"插入"面板中的"绘制 AP Div"按钮，如图 5-57 所示，在窗口中插入一个名为 apDiv1 的 AP Div。

（3）打开本书的素材库，找到相片并插入到 AP Div 中。调整 AP Div 的尺寸，使其与相片相匹配。

（4）将光标置于名为 apDiv1 的 AP Div 中，选择"插入>布局对象>AP Div"命令，如图 5-58 所示，插入名为 apDiv2 的 AP Div。此环节要注意鼠标光标的定位，要将光标定在 apDiv1

的范围里。

（5）向名为 apDiv2 的 AP Div 插入图片，并调整其大小和位置。

（6）重复步骤（4）、（5）的操作，插入名为 apDiv3、apDiv4、apDiv5、apDiv6 的 AP Div。它们和 apDiv2 是同级关系，而与 apDiv1 是父子关系，如图 5-59 所示。

（7）分别向四个 AP Div 中插入相片和文字，并调整 AP Div 的尺寸，使其与相片相匹配。

（8）调整 AP Div 的位置，使整个页面的布局看起来美观大方。保存页面，并预览效果。

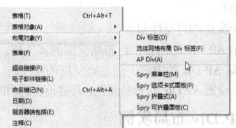

图 5-57 "插入"面板　　　　　图 5-58 "插入"菜单　　　　　图 5-59 "AP 元素"面板

说明：AP Div 本身没有设置图片倾斜的功能，要使图片倾斜，需要用图片处理软件事先将图片处理好。

5.4　小结

本章介绍了页面规划和页面布局的知识，列举了 9 种常见的页面布局类型供学员参考，同时详细地介绍了两种布局工具——表格和 AP Div，让页面设计变得简单明了，页面更美观，网页元素更加工整有序，便于读者理解与掌握，有利于后续网站的设计与建设。

5.5　习题

一、填空题

1. 在网页中使用表格通常有两种用途＿＿＿＿＿和＿＿＿＿＿＿＿＿＿。

2. 在 Adobe Dreamweaver CS6 中提供了 5 种方法用于规划和设计页面，分别是＿＿＿、＿＿＿、＿＿＿、＿＿＿和＿＿＿。

二、选择题

1. 在（　　）中可以修改表格属性。

A. 框架面板　　　　B. 行为面板　　　　C. 文件面板　　　　D. 属性面板

2. 插入表格对话框中的"单元格间距"表示（　　）。

A. 表格的外框精细　　　　　　　　B. 表格在页面中所占用的空间

C. 单元格之间的距离　　　　　　　D. 表格大小

3. 按住（　　）键不放，就可以创建多个 AP div。

A. Shift　　　　　　B. Shift+Alt　　　　C. Ctrl　　　　　　D. Ctrl+Alt

4. 利用 AP Div 不能制作的是（　　）。

A. 可拖动的图片　　　　　　　　　B. 相对于浏览器静止的文字或图片

C. 在页面上漂浮的图片　　　　　　D. 计时器

三、判断题

1. 我们不能通过手工调整的方法调整 AP Div 的大小。　（　　　）
2. 利用表格背景和单元格的颜色差别可制作相应颜色的细线边框表格。（　　　）

四、简答题

1. 表格有什么作用？如何插入表格？
2. AP Div 有什么特点？

5.6　上机实训

分析图 5-60 的页面属于何种布局类型，并用 Dreamweaver 设计其布局简图。

图 5-60　页面效果图

PART 6

第6章
使用 Div+CSS 布局

情景导入

小白在一家网页制作公司开始了她的实习生活。为了更好地掌握网页制作的技术，小白已经进入攻坚阶段，开始学习最新布局技术 Div+CSS。

知识技能目标

- 认识 Div+CSS。
- 了解 Div+CSS 的布局原理。
- 了解 Div 嵌套的原理和操作方法。

- 掌握常用的 Div+CSS 布局方式。
- 能够灵活运用 Div+CSS 进行网页布局。

课堂案例展示

CSS 盒模型

6.1 认识 Div+CSS

Div+CSS 是网站标准中的常用术语之一，是一种网页布局方法，可实现网页内容与表现的分离。Div+CSS 是通过 Div 标签和 CSS（层叠样式表）进行布局的，即先在网页中通过 Div 进行页面的布局，将需要的元素进行定位，并显示出网页中的信息，后期再通过 CSS 进行样式的定义和美化。

Div 是 Dreamweaver CS6 中最常用的布局方式，其方法也十分简单，只要插入<Div>标签并对 class 或 id 属性进行设置即可。其中 class 或 id 属性就需要通过 CSS 来进行定义，以确定<Div>标签的大小和位置，实现网页布局的操作。

6.1.1 相关术语

Div 标签：Div 标签是 HTML 中的一种网页元素，通常用于页面的布局，在 HTML 代码中以<div></div>的形式存在，在<div></div>之间可填充标题、文本、段落、图像和表格等网页元素，因此，可将该标签看作一个区块容器标签。

CSS：即层叠样式表，CSS 在第 4 章已经详细介绍了，这里不再赘述。

块元素：是指其他元素的容器元素，其高度和宽度都可以进行自定义设置，它们在默认状态下每次都占据一整行，可以容纳内联元素和其他块元素。

行内元素：行内元素实质是指网页内容的显示方式，它与块元素相反，其高度和宽度都不能进行设置。

6.1.2 关于 Div+CSS

在 Div+CSS 中，所有的页面元素都包含在一个矩形框内，这个矩形框就称为盒模型。盒模型是由 margin（边界）、border（边框）、padding（填充）和 content（内容）4 部分组成，此外，在盒模型中，还具备高度和宽度两个辅助属性。盒模型如图 6-1 所示。

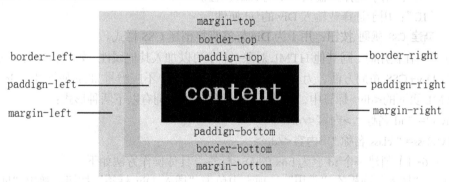

图 6-1　CSS 盒模型

- **margin**：边界或称为外边距，用来设置内容与内容之间的距离。
- **border**：边框或称为内容边框线，可以设置边框的粗细、颜色和样式等。
- **padding**：填充或称为内边距，用来设置内容与边框之间的距离。
- **content**：内容，是盒模型中必须有的一部分，可以放置文字、图像等内容。

一个盒子的实际高度和宽度是上述这 4 个部分之和。在 Div+CSS 中，可以通过设置 width

和 height 属性来控制 content 部分的大小,并且对于任何一个盒子,都可以分别设置 4 边的 padding、border 和 margin。

在 Div+CSS 的盒模型中,content 部分是主导部分,如果没有内容,则其他三个部分将不会被显示。

6.2 在网页中插入 Div

在 Dreamweaver CS6 中插入 Div 的方法很简单,在需要插入的位置处单击定位插入点,然后选择"插入>布局对象>Div 标签"命令,或者在"插入"面板的"常用"选项卡中单击"插入 Div 标签"按钮,如图 6-2 所示。在弹出的"插入 Div 标签"对话框中,如图 6-3 所示,对其属性进行设置即可。

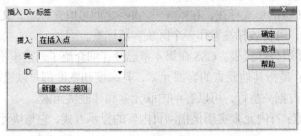

图 6-2 "插入"面板   图 6-3 "插入 Div 标签"对话框

"插入 Div 标签"对话框中各选项的含义介绍如下。

- **"插入"**:用于选择 Div 标签插入的位置,包括"在插入点"、"在开始标签之后"和"在结束标签之前"3 个选项。
- **"类"**:用于选择或输入 Div 的 class 属性。
- **"ID"**:用于选择或输入 Div 的 id 属性。
- **新建 CSS 规则 按钮**:用于为 Div 标签直接创建 CSS 样式。

Div 对象在使用时,同其他 HTML 对象一样,可以加入其他属性,如 id、class、align、style 等,而在 Div+CSS 布局方面,为了实现内容与表现分离,不应当将 align 属性和 style 属性编写在 HTML 页面的<div>标签中,因此,Div 代码只可能拥有以下两种形式:

<div id= " id 名称 " >内容</div>

<div class= " class 名称 " >内容</div>

【实例 6-1】创建一个 id 名为 box 的 Div 标签。具体操作方法如下。

(1)在"插入"面板的"常用"选项卡中单击"插入 Div 标签"按钮,弹出"插入 Div 标签"对话框。

(2)在"插入"下拉列表中选择"在插入点"选项,在"ID"名称框中输入需要插入的 Div 的 ID 名称"box",如图 6-4 所示。单击"确定"按钮,即可在网页中插入一个 Div,如图 6-5 所示。

(3)将文件保存为"web\d6\6-1.html",以备后续章节使用。

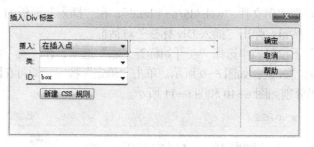

图 6-4 "插入 Div 标签"对话框

图 6-5 在网页中插入 Div

6.3 Div 的嵌套

在进行网页制作的过程中，只插入一个 Div 标签，远远达不到制作的要求。一般情况下，都需要在一个 Div 标签中插入更多的 Div 标签，以对网页元素进行定位，这就是 Div 的嵌套。

由"插入 Div 标签"对话框可以看到，"插入"选项下拉列表有 5 个选项，分别是"在插入点"、"在标签之前"、"在开始标签之后"、"在结束标签之前"和"在标签之后"，如图 6-6 所示。当选择除"在插入点"选项之外的任意一个选项后，可以激活第 2 个下拉列表，如图 6-7 所示。

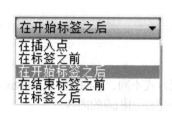

图 6-6 "插入"下拉列表

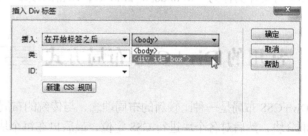

图 6-7 "插入 Div 标签"对话框

图 6-8 表示选择不同的"插入"选项后，所插入的 Div 的位置。

图 6-8 不同选项插入 Div 的位置

【实例 6-2】在前例创建的 id 名为 box 的 Div 标签中插入一个 class 名为 img 的 Div。具体操作方法如下。

（1）打开本书附带实例文件"web/d6/6-1.html"，在"插入"面板的"常用"选项卡中单击"插入 Div 标签"按钮，弹出"插入 Div 标签"对话框。

（2）在"插入"下拉列表中选择"在开始标签之后"选项，在"类"名称框中输入需要插入的 Div 的 class 名称"img"，如图 6-9 所示。单击"确定"按钮，即可在网页中插入一个嵌套的 Div，页面和代码分别如图 6-10 和图 6-11 所示。

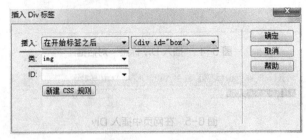

图 6-9 "插入 Div 标签"对话框

图 6-10 在网页中插入嵌套 Div

```
<div id="box">
    <div class="img">此处显示  class "img" 的内容</div>
此处显示  id "box" 的内容</div>
```

图 6-11 嵌套 Div 代码

（3）将文件另存为"web/d6/6-2.html"，以备后续章节使用。

6.4 常用的 Div+CSS 布局方式

Div+CSS 布局是一种比较新的布局理念，与传统的布局方式不同，其原理是先用 Div 标签将页面分块，然后对各个块进行 CSS 定位，最后再在每个块里添加相应的内容。

6.4.1 布局定位

在使用 Div+CSS 布局页面的过程中，都是通过 CSS 的定位属性对元素进行位置和大小的控制的。CSS 的定位属性如表 6-1 所示。

表 6-1 CSS 的定位属性

属性	说明
position	定义位置
top	设置元素距顶部的垂直距离
right	设置元素距右部的水平距离
bottom	设置元素距底部的垂直距离

属性	说明
left	设置元素距左部的水平距离
z-index	设置元素的层叠顺序
width	设置元素的宽度
height	设置元素的高度
overflow	设置元素内容溢出的处理方法
clip	设置元素剪切

表 6-1 中前 6 个属性是实际的元素定位属性，后面的 4 个相关属性是用来对元素内容进行控制的。其中，position 属性是最主要的定位属性，它既可以定义元素的绝对位置，又可以定义元素的相对位置。而 top、right、bottom 和 left 只有在 position 属性中使用才会起到作用。position 属性值及其含义说明如表 6-2 所示。

表 6-2　position 属性值

属性值	说明
static	无特殊定位，元素定位的默认值，对象遵循 HTML 元素定位规则，不能通过 z-index 属性进行层次分级
relative	相对定位，对象不可以重叠，可以通过 top、right、bottom 和 left 等属性在页面中偏移位置，可以通过 z-index 属性进行层次分级
absolute	绝对定位，相对于其父级元素进行的定位，可以通过 top、right、bottom 和 left 等属性进行设置
fixed	固定定位，相对于浏览器窗口进行的定位，可以通过 top、right、bottom 和 left 等属性进行设置

6.4.2 Div 高度自适应

高度值可以使用百分比进行设置，但是直接使用 height:100% 将不会显示效果，这与浏览器的解析方式有一定关系。在此引用前面的实例 6-1，设置 "#box 的 CSS 规则定义" 对话框如图 6-12 所示，其 CSS 代码如图 6-13 所示。在浏览器中预览该页面，看到的却是如图 6-14 所示的效果。

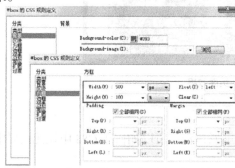

```
#box {
    background-color: #393;
    float: left;
    height: 100%;
    width: 500px;
}
```

图 6-12　"#box 的 CSS 规则定义" 对话框　　　　　图 6-13　CSS 样式代码

图 6-14　页面效果　　　　　　　　　　图 6-15　CSS 样式代码

　　一个对象高度是否可以使用百分比显示，取决于对象的父级对象，box 在页面中直接放置在 body 中，因此它的父级就是 body，而浏览器默认状态下，没有给 body 一个高度属性，因此直接设置 box 的 height:100%时，不会产生任何效果。现修改代码为如图 6-15 所示的代码，即对 ID 为 box 的 Div 设置 height:100%的同时，也设置 HTML 与 body 的 height:100%。此时，它的子级对象 box 的 height:100%便起了作用，如图 6-16 所示。这就是浏览器解析规则引发的高度自适应。

　　提示：在 CSS 样式中有一个通配符"*"，意思是所有的标签都有的属性。比如要让网站所有标签都拥有一个字体 12 号的属性，那么就用*{font-size:12px;}。一般这个标签值用来统一标签的内补丁和补丁属性。在很多网站上都能看到第一句 CSS 是这个*{ margin:0px; padding:0px;border:0px;}。这样可以很好地避免标签的默认内外补丁所产生的差异。

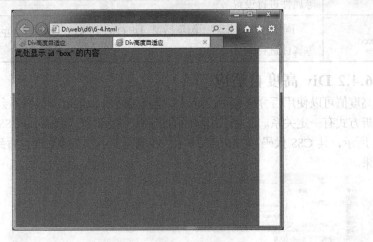

图 6-16　页面效果

6.4.3　网页内容居中布局

　　居中的网页设计目前在网页布局的应用中非常广泛，所以如何在 CSS 中让元素居中显然是大多数开发设计人员首先要学习的重点之一。

1. 网页内容水平居中

假设一个布局，希望其中的容器 Div 在屏幕上水平居中，具体操作方法是：首先创建一个 ID 名为 box 的 Div，并设置"#box"的 CSS 样式，其次创建 body 的 CSS 样式，最后还要创建 html 的 CSS 样式。我们以一个实例说明这个问题。

【实例 6-3】利用 Div+CSS 创建网页内容居中的页面布局。

具体步骤如下。

（1）在"插入"面板的"常用"卡中单击"插入 Div 标签"按钮，如图 6-17 所示。

（2）在弹出的"插入 Div 标签"对话框中设置 ID 名称为"box"，然后单击该名称框下方的"新建 CSS 规则"按钮，如图 6-18 所示。

图 6-17 "插入"面板

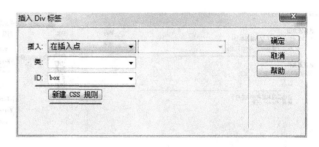

图 6-18 "插入 Div 标签"对话框

（3）在弹出的"新建 CSS 规则"对话框中取默认值，单击"确定"按钮，如图 6-19 所示。

（4）在弹出的"#box 的 CSS 规则定义"对话框中设置"背景"和"方框"，如图 6-20 及图 6-21 所示。完成后单击"确定"按钮。

（5）打开"CSS 样式"面板，单击右下角的"新建 CSS 规则"按钮，如图 6-22 所示。

（6）在弹出的"新建 CSS 规则"对话框中进行设置，如图 6-23 所示。

（7）在"body 的 CSS 规则定义"对话框中为其设置"方框"选项，如图 6-24 所示。

（8）重复上述步骤（5）至（7），设置"html"标签的样式，如图 6-25 及图 6-26 所示。

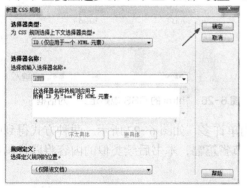

图 6-19 "新建 CSS 规则"对话框

图 6-20 "#box 的 CSS 规则定义"对话框

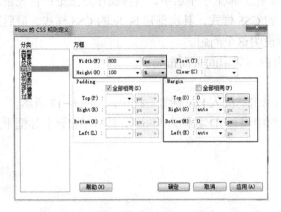

图 6-21 "#box 的 CSS 规则定义"对话框　　　　　图 6-22 "CSS 样式"对话框

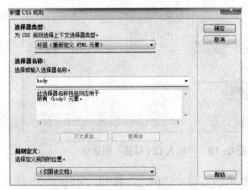

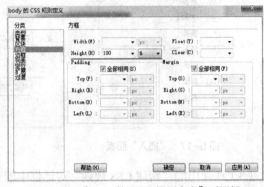

图 6-23 "新建 CSS 规则"对话框　　　　　图 6-24 "body 的 CSS 规则定义"对话框

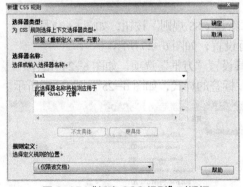

图 6-25 "新建 CSS 规则"对话框　　　　　图 6-26 "html 的 CSS 规则定义"对话框

　　如果用编写代码的方式，步骤叙述相对就简单许多，如图 6-27 所示。两种方式得到的效果都是一样的，如图 6-28 所示。因此，为了节省篇幅，本书后续类似的内容将以代码形式呈现。

```
<html xmlns="http://www.w3.or
<head>
<meta http-equiv="Content-Typ
<title>网页内容水平居中</title>
<style type="text/css">
body,html{height:100%}

#box {
    background-color: #09C;
    height: 100%;
    width: 800px;
    margin:0 auto;
}

</style>
</head>

<body>
<div id="box"></div>
</body>
</html>
```

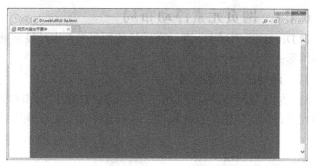

图 6-27　代码　　　　　　　　　　　　　　　　图 6-28　页面效果

2. 网页内容垂直居中

首先定义容器的高度,然后将容器的 position 属性设置为 relative,将 top 属性设置为 50%,就会把容器的上边缘定位在页面的中间。HTML 代码结构和 CSS 代码如图 6-29 所示。页面效果如图 6-30 所示。

```
<head>
<meta http-equiv="Content-Typ
<title>上边缘垂直居中</title>
<style type="text/css">
*{
    margin:0px;
    padding:0px;
    border:0px;
}
body,html{height:100%;}
#box{
    width:800px;
    height:300px;
    background-color:#F99;
    margin:auto;
    position:relative;
    top:50%;
}

</style>
</head>

<body>
<div id="box"></div>
</body>
```

图 6-29　代码　　　　　　　　图 6-30　Div 的上边缘垂直居中页面效果

如果希望容器的中间垂直居中,可以对容器的上边应用一个负值的空白边,高度等于容器高度的一半,这样就会把容器向上移动,从而让它在屏幕上垂直居中。代码和效果分别如图 6-31 和图 6-32 所示。

```
<head>
<meta http-equiv="Content-Type"
<title>中部垂直居中</title>
<style type="text/css">
*{
    margin:0px;
    padding:0px;
    border:0px;
}
body,html{height:100%;}
#box{
    width:800px;
    height:300px;
    background-color:#F99;
    margin:auto;
    position:relative;
    top:50%;
    margin-top:-150px;
}

</style>
</head>

<body>
<div id="box"></div>
</body>
```

图 6-31　代码　　　　　　　　图 6-32　Div 的中间垂直居中页面效果

6.4.4 网页元素浮动布局

在 Div+CSS 布局中，浮动布局是使用最多，也是最常见的布局方式。浮动的布局又可以分为多种形式，下面分别进行介绍。

1. 两列固定宽度布局

两列固定宽度布局非常简单，其中的 HTML 代码和 CSS 样式设置如图 6-33 所示。为了实现两列式布局，使用了 float 属性，这样显示得完整。预览效果如图 6-34 所示。

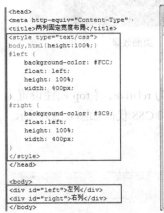

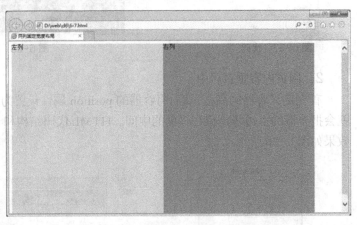

图 6-33　代码　　　　　　　　图 6-34　两列固定宽度布局页面效果

2. 两列百分比宽度布局

自适应主要是通过百分比进行设置，因此，在两列宽度自适应布局中也同样使用百分比宽度值，设定左栏为 30%，右栏为 70%。HTML 代码结构和 CSS 代码如图 6-35 所示，预览效果如图 6-36 所示。

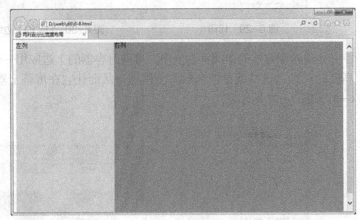

图 6-35　代码　　　　　　　　图 6-36　两列百分比宽度布局页面效果

3. 两列右列宽度自适应布局

有时候需要左列固定宽度，右列根据浏览器窗口的大小自动调整。在 CSS 中只需要设置左列宽度，右列不设置任何宽度值，并且右列不浮动，比如设置左列固定为 200px 的宽度，而右列根据浏览器窗口的大小自动调整。HTML 代码结构和 CSS 代码如图 6-37 所示，预览效果如图 6-38 所示。

```
<head>
<meta http-equiv="Content-Type" c
<title>两列右列宽度自适应布局</title>
<style type="text/css">
body,html{height:100%;}
#left {
    background-color:#F6C;
    float: left;
    height: 100%;
    width:200px;
}
#right {
    background-color: #039;
    height: 100%;
}
</style>
</head>

<body>
<div id="left">左列</div>
<div id="right">右列</div>
</body>
```

图 6-37　代码

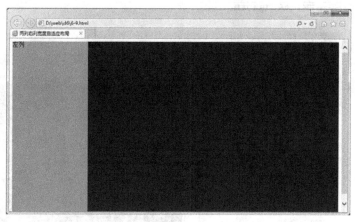

图 6-38　两列右列宽度自适应布局页面效果

4. 两列固定宽度居中布局

两列固定宽度布局可以使用一个 Div（假设名为 box）的嵌套方式来完成，用一个居中的 Div 作为容器，将两列分栏的两个 Div 放置在容器中，从而实现两列的居中显示。HTML 代码结构和 CSS 代码如图 6-39 所示。box 有了居中属性，里面的内容自然也能做到居中，这样就实现了两列的居中显示。预览效果如图 6-40 所示。

```
<head>
<meta http-equiv="Content-Type"
<title>两列固定宽度居中布局</title>
<style type="text/css">
body,html{height:100%;}
#box{
    width:720px;
    height:100%;
    margin:0px auto;
}
#left {
    background-color:#F6C;
    float: left;
    height: 100%;
    width:360px;
}
#right {
    background-color:#30C;
    float: left;
    height: 100%;
    width:360px;
}
</style>
</head>
<body>
<div id="box">
<div id="left">左列</div>
<div id="right">右列</div>
</div>
</body>
```

图 6-39　代码

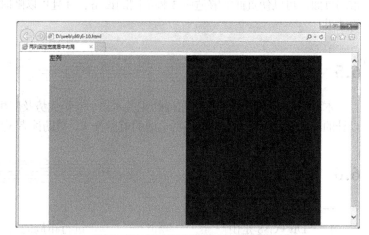

图 6-40　两列固定宽度居中布局页面效果

5. 三列浮动中间列宽度自适应布局

左列固定宽度居左显示，右列固定宽度居右显示，而中间栏需要根据浏览器窗口的大小调节自身的显示宽度。这个需要绝对定位来实现，使用绝对定位将左列与右列进行位置控制，而中列使用普通 CSS 样式。绝对定位后的对象，不需要考虑它在页面中的浮动关系，只需要设置对象的 top、right、bottom 和 left 这 4 个方向即可。CSS 样式代码如图 6-41 所示。预览效果如图 6-42 所示。

```
<title>三列浮动中间列宽自适应布局</title>
<style type="text/css">
*{
    margin:0px;
    border:0px;
    padding:0px;
}
body,html{height:100%;}
#left {
    background-color:#30C;
    height: 100%;
    width:200px;
    position:absolute;
    top:0px;
    left:0px;
}
#right {
    background-color:#30C;
    height: 100%;
    width:200px;
    position:absolute;
    top:0px;
    right:0px;
}
#main{
    height:100%;
    background-color:#F0C;
    margin:0px 200px 0px 200px;
}

</style>
```

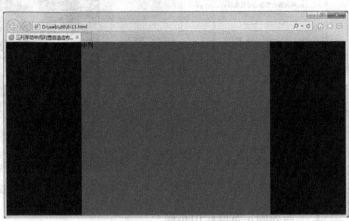

图 6-41　CSS 样式代码　　　　　图 6-42　三列浮动中间列宽度自适应布局页面效果

6.4.5　流体网格布局

随着网络及移动设备的迅速发展，现在越来越多的人可以随时随地使用各种移动设备浏览网页。为了满足各种不同设备对网页的浏览，在 Dreamweaver CS6 中新增了流体网格布局的功能，该功能主要针对目前流行的智能手机、平板电脑和桌面电脑 3 种设备。通过创建流体网格布局页面，可以使页面能够适应 3 种不同的设备，并且可以随时在 3 种不同的设备中查看页面的效果。

6.5　小结

本章主要介绍了 Div+CSS 布局的相关术语、操作优势及应用方法，更进一步地拓展了网页设计的布局方法，深入阐述了网页布局的前沿技术，帮助读者灵活多变地选择设计方法和手段。

6.6　习题

一、填空题

1.　Div+CSS 是由_____和_____进行布局的。

2.　在 Div+CSS 盒模型中包括 4 个组成部分，分别为：_____、border（边框）、padding（填充）和_____。

二、选择题

1.　在网页中最常用的单位是（　　　）。

A.　in　　　　　　B. cm　　　　　C. px　　　　　D. pc

2.　下列哪个选项的 CSS 语法是正确的？（　　　）

A.　body:color=black　　　　　　B.　{body:color=black(body}

C.　body {color: black}　　　　　D.　{body;color:black}

三、判断题

1.　CSS 样式表不可能实现兼容所有的浏览器功能。（　　　　）

2. CSS 样式表不能制作体积更小、下载更快的网页。（　　　　）

四、简答题

1. 使用 Div+CSS 布局后，网页中还可以使用表格布局吗？

2. Div+CSS 布局与传统的布局方式有何不同？它的优势是什么？

6.7　上机实训

使用 Div+CSS 布局方法，制作如图 6-43 所示的页面。

图 6-43　页面效果图

第 7 章
使用框架布局

情景导入

　　小白在一家网页制作公司开始了她的实习生活。为了提高网页制作技术，她决心把网页布局方法全部领略，现在开始学习框架布局了。

知识技能目标

- 认识框架及框架集。
- 了解框架布局的原理。
- 了解框架和框架集的属性。

- 结合网页了解框架布局能够实现的功能。
- 能够运用所学框架知识实现网页布局。

课堂案例展示

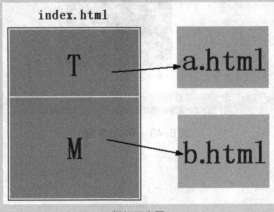

框架示意图

7.1 什么是框架

框架结构是一种使多个网页（两个或两个以上）通过多种类型区域的划分，最终显示在同一个窗口的网页结构。在模板出现之前，框架由其结构清晰、框架之间独立性强的特征在页面导航中一直被广泛应用。目前，随着网页表现形式的多样性、因特网技术的发展，框架在网页中的应用已经比较少了。

在网页中，框架的作用是将浏览器的窗口划分为多个部分进行显示，每个部分显示不同的网页元素。框架结构多用于较为固定的导航栏，同导航栏中相对应用得较多的具体内容进行组合。

通常，一个框架网页由框架集和框架两部分组成。框架集是在一个文档内容中定义一组框架结构的 HTML 网页，它定义了在一个窗口中显示的框架的尺寸、载入框架的网页等，而框架则是指在网页上定义的一个显示区域。

图 7-1 所示的页面就是上下型框架布局结构。

图 7-1　使用框架布局的页面

去除内容，其结构可简化为如图 7-2 所示的结构。

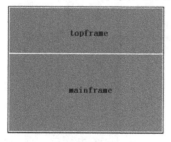

图 7-2　上下框架结构示意图

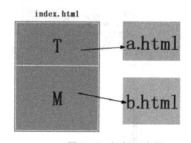

图 7-3　框架示意图

这是一个上下结构的框架。事实上这样的一个结构是由 3 个网页文件组成的。首先外部的框架集是一个文件，这里我们用 index.html 命名。框架中上边命名为 T，指向的是一个网页 a.html。下边命名为 M，指向的是另一个网页 b.html，如图 7-3 所示。

或者可以这样理解：我们创建一个名为 index.html 的网页，使用框架技术把网页分成上、下两个区域，上区域用来显示一个网页文件（这里称为 a.html），下区域用来显示另一个网页文件（这里称为 b.html），而这个 index.html 文件称为框架集文件。

通常我们需要打开框架文件时，只要打开框架集文件就可以同时打开它所包含的框架文件。但我们编辑含有框架的页面时，是分别编辑，分别保存，最后别忘了还要保存框架集文件。

7.2 框架的基本操作

在 Adobe Dreamweaver CS6 中提供了 13 种框架集，其创建方法很简单，只需在"插入>HTML>框架"子菜单中选择需要的框架集即可。

7.2.1 创建预定义框架集

使用预定义的框架集可以很轻松创建需要的框架集，避免了自己建立框架集的麻烦。打开 Dreamweaver CS6，执行"插入>HTML>框架"命令，在弹出的菜单中包含了所有的预定义框架集，如图 7-4 所示。选择"左对齐"选项后，会弹出"框架标签辅助功能属性"对话框，如图 7-5 所示。

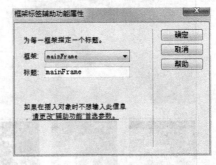

图 7-4 "预定义框架集"菜单　　图 7-5 "框架标签辅助功能属性"对话框

单击"确定"按钮，即可插入预定义框架集。执行"窗口>框架"命令，打开"框架"面板，可以在"框架"面板中看到刚插入的框架集，如图 7-6 所示。

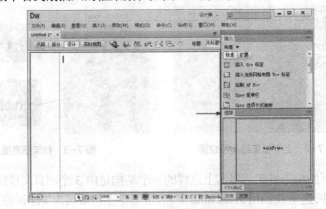

图 7-6 "框架"工作页面

7.2.2 自定义框架集

当 Dreamweaver CS6 中预定义的框架集不能够满足用户的需要时，用户还可以自己手动设计框架集。

打开 Dreamweaver CS6，新建一个空白的 HTML 页面，如图 7-7 所示。执行"查看>可视化助理>框架边框"命令，显示出框架边框，如图 7-8 所示。

图 7-7 空白页面

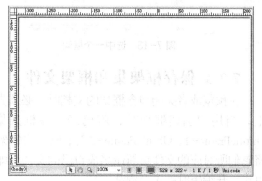
图 7-8 显示框架边框

将鼠标指针放在框架的水平边框上，当鼠标指针变成双向箭头时，单击鼠标不放，即可拖曳出一条水平的框架边框，如图 7-9 所示。将鼠标指针放在框架的垂直边框上，当鼠标指针变成双向箭头时，单击鼠标不放，即可拖曳出一条垂直的框架边框，如图 7-10 所示。

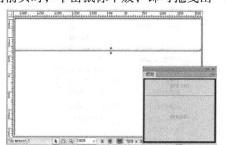
图 7-9 拖曳出水平框架边框

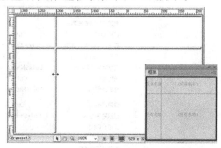
图 7-10 拖曳出垂直框架边框

将鼠标指针放在页面的一个角上，当鼠标指针变成十字箭头时，如图 7-11 所示。单击鼠标不放，即可将页面一次性划分成 4 个框，如图 7-12 所示。

图 7-11 鼠标指针置于左上角

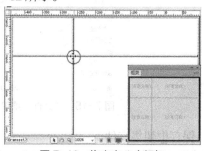
图 7-12 拖曳出 4 个框架

在划分好的框架上选中某个框架，如图 7-13 所示。用鼠标单击该框架的某条边不放进行拖曳，可划分出更多嵌套的框架，如图 7-14 所示。

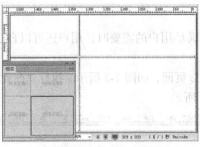 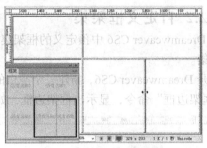

图 7-13 选中一个框架   图 7-14 拖曳出嵌套框架

7.2.3 保存框架集和框架文件

在预览或者关闭包含框架的文档时，必须先对框架集文件和框架文件分别进行保存。实际上，当用户创建框架时，就已经存在框架集和框架文件了，默认的框架集文件名称是 UntitleFrame-1、UntitleFrame-2 等；默认的框架文件名称是 Untitle-1、Untitle-2 等。用户只需将它们所对应的文件重新命名成自己的文件名即可，切记哪个是框架集文件，哪些是框架文件，再次打开编辑时就不会混乱。

1. 保存框架文件

在"框架"面板或文档窗口中选择框架，然后执行下列操作之一：

◇ 如果要保存框架文件，可选择菜单"文件>保存框架"命令，如图 7-15 所示；

◇ 如果要将框架文件保存为新文件，可选择"文件>框架另存为"命令，如图 7-16 所示。

图 7-15   "文件"菜单   图 7-16   "文件"菜单

2. 保存框架集文件

在"框架"面板或文档窗口中选择框架集，然后执行下列操作之一：

◇ 如果要保存框架集文件，可选择菜单"文件>保存框架页"命令，如图 7-17 所示；

◇ 如果要将框架集文件保存为新文件，可选择"文件>框架集另存为"命令，如图 7-18 所示。

图 7-17 "文件"菜单   图 7-18 "文件"菜单

3. 保存所有的框架和框架集文件

选择菜单"文件>保存全部"命令，如图 7-19 所示，即可保存所有的文件（包括框架集文件和框架文件）。

选择该命令后，Dreamweaver 会先保存框架集文件，此时，框架集边框会显示选择线，并在"另存为"对话框的"文件名"文本框中显示临时文件名"UntitledFrameset-1"，用户可以根据自己的需要修改文件名，然后单击"保存"按钮即可，如图 7-20 所示。

图 7-19 "文件"菜单   图 7-20 "另存为"对话框

随后则保存主框架文件，"文件名"文本框中的文件名则变为"Untitled-1"，如图 7-21 所示，设计视图（文档窗口）中的选择框也会自动移到主框架中，如图 7-22 所示。然后单击"保存"按钮即可。保存完主框架后，才会保存其他框架文件，方法与上面相同，这里不再赘述。

图 7-21 "文件"菜单　　　　　　　　　　　　　图 7-22 "另存为"对话框

7.2.4 选择框架集和框架文件

1. 认识"框架"面板

框架和框架集是单个的 HTML 文档。如果想要修改框架或框架集，首先应选择要修改的框架或者框架集，可以在设计视图中使用"框架"面板来选择框架或框架集。

选择"窗口>框架"命令，如图 7-23 所示，即可打开"框架"面板，如图 7-24 所示。

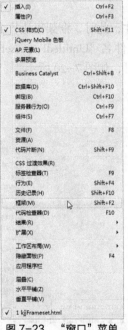

图 7-23 "窗口"菜单　　　　　　　　　　　图 7-24 "框架"面板

2. 在"框架"面板中选择框架或框架集

在"框架"面板中随意单击一个框架就能将其选中。当框架被选中时，文档窗口中的框架周围就会出现带有虚线的轮廓，如图 7-25 所示。

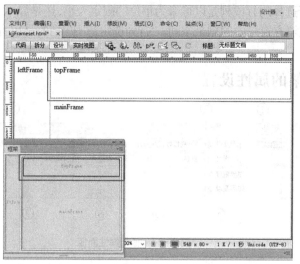

图 7-25　利用"框架"面板选择框架

3.　在文档窗口中选择框架或框架集

在文档窗口中单击某个框架的边框，可以选择该框架所属的框架集。当一个框架集被选中时，框架集内所有框架的边框都会带有虚线轮廓。

7.3　框架集与框架的属性设置

7.3.1　框架集的属性设置

建立好框架或框架集后，可以通过"属性"面板对框架或者框架集进行修改和调整。选中建立好的整个框架集，执行"窗口>属性"命令，打开"属性"面板，如图 7-26 所示。

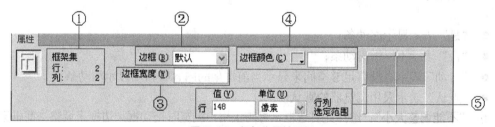

图 7-26　框架集属性面板

框架集"属性"面板中各项属性的功能介绍如下。

①　**"框架集"**：在框架集信息区域显示的是当前整个框架的构造。

②　**"边框"**：设置框架的边框。有 3 个选项：

● "是"表示显示；

● "否"表示不显示；

● "默认"表示由用户的浏览器决定是否显示。

③　**"边框宽度"**：输入一个数字以指定当前框架集的边框宽度。输入 0，指定无边框。

④　**"边框颜色"**：输入颜色的十六进制值，或使用拾色器为边框选择颜色。

⑤　**"设置框架结构的拆分比例"**："（行/列）值"是用来输入选定框架行或框架列的宽度。

"单位"用于指定所选择的行或列是以像素为单位的固定大小,还是显示为浏览器窗口的百分比,还是扩展或缩小以填充窗口中的剩余空间。"行列选定范围"指的是用右侧的图框示意所选定的行框架或列框架。

7.3.2　框架的属性设置

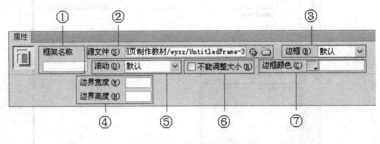

图 7-27　框架属性面板

选中框架后,框架的属性面板如图 7-27 所示。框架属性面板中各项属性的功能介绍如下。

①　**"框架名称"**:指定当前框架名。

②　**"源文件"**:指定在当前框架中打开的网页源文件。

③　**"边框"**:决定当前框架是否显示边框。有 3 个选项:
* "是"表示显示边框;
* "否"表示不显示边框;
* "默认"表示采用浏览器的默认值。大多数浏览器默认为"是"。选择此项会覆盖框架集的边框设置。

④　**"边界宽度和边界高度"**:可以通过在文本框中输入数值来设置框架的左面边框、右面边框与框架中内容之间空白区域的大小,以及框架的上边框、下边框与框架中内容之间空白区域的大小。

⑤　**"滚动条"**:设置当没有足够的空间显示当前框架的内容时是否显示滚动条。有 4 个选项:
* "是"表示显示滚动条;
* "否"表示不显示滚动条;
* "自动"表示当没有足够空间来显示当前框架的内容时自动显示滚动条;
* "默认"表示采用浏览器的默认值。

⑥　**"不能调整大小"**:选择此复选框,可防止用户浏览时拖动框架边框来调整当前框架的大小。

⑦　**"边框颜色"**:可以通过在文本框中输入颜色值来设置该框架的边框颜色,也可以单击颜色框打开拾色器对颜色进行设置。

7.3.3　改变框架的背景颜色

在制作网页时,为了使页面更加美观,还可以为框架设置不同的背景颜色。

改变框架背景颜色的方法如下。

(1)将光标置于该框架内,单击"属性"面板中的"页面属性"选项,如图 7-28 所示,弹出"页面属性"对话框。

(2)在左侧"分类"列表中选择"外观(CSS)"选项,然后在右侧的设置区域中设置"背景颜色"即可,如图 7-29 所示。

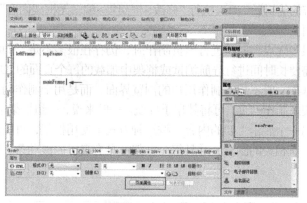

图 7-28　编辑框架页面

图 7-29　"页面属性"对话框

7.4　设置无框架内容

考虑到有些浏览器无法显示框架中的内容，我们需要采用<noframes> 和</noframes>标签来解决这个问题。当浏览器显示不了框架集文件时，就会检索到<noframes>标签，并显示出框架内容。

打开 Dreamweaver CS6，创建一个框架集，如图 7-30 所示。执行"修改>框架集>编辑无框架内容"命令，即可在页面中编辑无框架内容了，页面效果如图 7-31 所示。

图 7-30　创建框架集

图 7-31　编辑无框架内容

完成无框架内容的编辑后，再次执行"修改>框架集>编辑无框架内容"命令，即可退出"编辑无框架内容"界面。

框架虽然具有很多优点，但在进行网页制作时，仍存在很多不足，如难以实现不同框架中元素的精确对齐、需要长时间进行导航测试或框架中加载的每个页面的 URL 不显示在浏览器中等问题。因此，框架一般不用于制作用户的浏览界面，而是用于制作网站的后台管理界面。如果用户要使用框架来制作网页，可将其用于导航。一般来说，一组框架中通常包含两个框架，一个含有导航条，另一个显示主要的内容。按这种方式来使用框架，可以使浏览器不需要为每个页面重新加载与导航相关的图形，并且每个框架都具有自己的滚动条，用户可以独立滚动这些框架。

7.5 小结

本章详细讲解了框架网页的创建、框架及框架集的基本操作、框架及框架集的设置等知识，拓展了网页设计的布局方法，丰富了页面布局的设计方法和手段。一个完整的网站包括前台和后台，前台即用户能直接观看的网页，后台则是指网站管理员进行控制的网页，通过它能完全控制网站前台。在 Dreamweaver CS6 中通常通过框架来进行后台页面的设计与创建。

7.6 习题

一、填空题

1. 框架由_____和_____两部分组成。其中，_____ 在文档中定义了框架的结构、数量、尺寸及装入框架的页面文件。

2. 通常我们需要打开框架文件时，只要打开_____就可以同时打开它所包含的_____文件。

二、选择题

1. 框架的分割方式不能是（　　　　）。

A. 上下分割　　　　　　B. 左右分割　　　　　　C. 对角线分割　　　　　　D. 嵌套分割

2. 在一个框架组的属性面板中，不能设置下面哪一项？（　　　　）

A. 边框颜色　　　　　　B. 子框架的宽度或者高度

C. 边框宽度　　　　　　D. 滚动条

三、判断题

1. 一个有 n 个框架的框架页由 n 个单独的 HTML 文档组成。（　　　　）

2. 在网页中插入浮动框架要用 <iframe></iframe>标记。（　　　　）

四、简答题

1. 可以将框架放在表格或 AP Div 中吗？

2. 拆分框架时，若原有的框架中有内容，拆分后网页元素还在吗？

7.7 上机实训

浏览网页 http://www.hccoffee.cn/，如图 7-32 所示。说说它都用了哪几种布局方法，并试着制作一个类似的页面。

图 7-32 页面效果图

第 8 章
行为的应用

情景导入

　　小白在一家网页制作公司开始了她的实习生活。为了制作出精美的网页，小白加快了学习步伐，现在开始学习行为的相关知识。

知识技能目标

- 认识行为。
- 了解行为面板。
- 了解常见行为的属性。

- 结合网页制作了解常见行为能够实现的功能。
- 能够运用所学知识实现网页特效的制作。

课堂案例展示

行为效果示意图

8.1 行为

优秀的网站页面中，不仅包含文本和图像，还有很多交互式的效果，而这些效果可以通过 Dreamweaver CS6 中的一项强大功能——行为来实现。行为将事件与动作相互结合，使网页形式更加多样化，且具有独特的风格。

8.1.1 认识行为

行为是由对象、事件和动作构成的。

对象是产生行为的主体，很多网页元素都可以成为对象，如图片、文字和多媒体文件等。对象绝大多数是基于成对出现的标签的，在创建时首先要选中对象的标签。此外，网页本身有时也可以作为对象。

事件是触发动态效果的原因，它可以被附加到各种页面元素上，也可以被附加到 HTML 标记中。一个事件总是针对页面元素或标记而言的，例如，将鼠标指针移到图片上、把鼠标指针放在图片之外和单击是与鼠标有关的 3 个最常见的事件（onMouseOver、onMouseOut 和 onClick）。不同的浏览器支持的事件的种类和数量是不一样的，通常，高版本的浏览器支持更多的事件。

动作是指最终需要完成的动态效果，例如，交换图像、弹出信息、打开浏览器窗口及播放声音等都是动作。动作通常是一段 JavaScript 代码。在 Dreamweaver 中使用内置的行为时，系统会自动向页面中添加 JavaScript 代码，用户完全不必自己编写。

将事件和动作组合起来就构成了行为。例如将 onMouseOver 行为事件与一段 JavaScript 代码相关联，当鼠标指针放在对象上时，就可以执行相应的 JavaScript 代码（动作）。一个事件可以同多个动作相关联，即发生事件时可以执行多个动作。为了实现需要的效果，还可以指定和修改动作发生的顺序。

8.1.2 "行为"面板

在 Dreamweaver CS6 中，进行附加行为和编辑行为的操作都将用到"行为"面板。执行"窗口>行为"命令，打开"标签检查器"面板并自动切换到"行为"选项卡中，如图 8-1 所示。如果需要进行附加行为的操作，可以单击"行为"面板上的"添加行为"按钮 ，在弹出的菜单中选择需要添加的行为，如图 8-2 所示。

图 8-1 "行为"面板

图 8-2 添加行为菜单

在"行为"面板上的列表中选择一个行为，单击该项左侧的事件栏，将显示一个下拉菜单，如图 8-3 所示。菜单中列出了所选行为可用的触发事件，可根据实际需要进行设置。

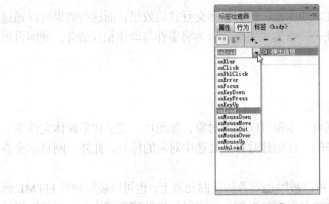

图 8-3 "事件"下拉菜单

如果需要删除网页中正在使用的行为，可以在列表中选中需要删除的行为，单击"行为"选项卡中的"删除事件"按钮 **—**，即可删除该行为。

8.2 常见行为的使用

在 Dreamweaver CS6 中，可以将行为附加给整个文档、链接、图像、表单或其他任何 HTML 对象，并由浏览器决定哪些对象可以接受行为，哪些对象不能接受行为。为对象附加动作时，可以一次为每个事件关联多个动作，动作将按照"标签检查器"面板上的"行为"选项卡列表中的顺序执行。

8.2.1 交换图像

"交换图像"行为是通过更改<img>标签的 src 属性将一幅图像与另一幅图像进行交换。使用该动作可以创建"鼠标经过图像"和其他的图像效果（包括一次交换多个图像）。

【实例 8-1】 创建"鼠标经过图像"。创建方法如下。

（1）打开本书附带的实例文件"web\d8\8-1.html"，效果如图 8-4 所示。

（2）在页面中选中需要添加"交换图像"行为的图像（此例选择第一张图像，ID 为 gl1）。

图 8-4 打开页面

（3）单击"行为"面板上的"添加行为"按钮 ➕，在弹出的菜单中选择"交换图像"选项，如图 8-5 所示。弹出"交换图像" 对话框，设置如图 8-6 所示。

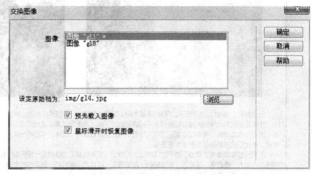

图 8-5 "添加行为"菜单　　　　图 8-6 设置"交换图像"对话框

（4）单击"确定"按钮，返回到"行为"面板。在"行为"面板中将触发事件修改为 onMouseOver，如图 8-7 所示。

图 8-7 设置触发事件

（5）保存页面，按 F12 键预览页面。在打开的网页中系统会自动弹出安全控制，如图 8-8 所示，单击"允许阻止的内容"即可。当鼠标移至添加了"交换图像"行为的图像上时，可以看到交换图像的效果，如图 8-9 所示。

图 8-8 浏览器提示框

图 8-9　鼠标经过时交换图像效果

8.2.2　调用 JavaScript

使用"调用 JavaScript"行为允许用户设置当某些事件被触发时执行相应的 JavaScript 代码，以实现相应的动作。用户可以自己编写或使用各种免费获取的 JavaScript 代码。

【实例 8-2】使用"调用 JavaScript"行为。具体操作方法如下。

（1）打开本书附带的实例文件"web\d8\8-2.html"。选择文档中的文本"北海银滩"，在"属性"面板中为其创建空链接"#"。

（2）单击"行为"面板上的"添加行为"按钮 ✚，在弹出的菜单中选择"调用 JavaScript"选项，如图 8-10 所示。

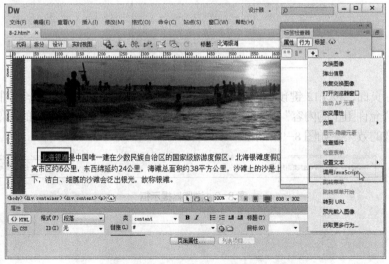

图 8-10　"设计"页面

（3）在弹出的"调用 JavaScript"对话框中进行设置，如图 8-11 所示。

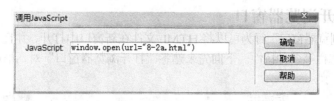

图 8-11 "调用 JavaScript" 对话框

（4）单击"确定"按钮，返回到"行为"面板。在"行为"面板中将触发事件设置为 onClick，如图 8-12 所示。

图 8-12 设置触发事件

图 8-13 页面效果

（5）保存页面，按 F12 键预览页面，效果如图 8-13 所示。当用鼠标单击"北海银滩"字样时，就会弹出如图 8-14 所示的链接网页页面。

图 8-14 打开的链接网页

8.2.3 打开浏览器窗口

使用"打开浏览器窗口"行为可以将 HTML 文件在新窗口中打开，并且可以设置新窗口的大小、样式、状态栏等多种特性。下面先来熟悉"打开浏览器窗口"对话框中的相关属性的设置，置，如图 8-15 所示。

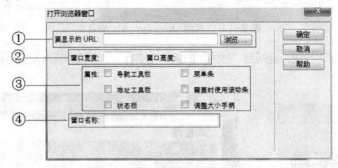

图 8-15 "打开浏览器窗口"对话框

"打开浏览器窗口"对话框中各项属性功能介绍如下。

① **"要显示的 URL"**：设置在新打开的浏览器窗口中显示的页面，可以是相对路径的地址，也可以是绝对路径的地址。

② **"窗口宽度"和"窗口高度"**：用来设置弹出的浏览器窗口的大小。

③ **"属性"**：在"属性"选项中可以选择是否在弹出窗口中显示"导航工具栏"、"地址工具栏"、"状态栏"和"菜单条"。"需要时使用滚动条"用来指定在内容超出可视区域时显示滚动条。"调整大小手柄"用来指定在内容超出可视区域时显示滚动条。

④ **"窗口名称"**：用来设置新浏览器窗口的名称。

【实例 8-3】使用"打开浏览器窗口"行为，链接另一个窗口。具体操作步骤如下。

（1）打开本书附带的实例文件"web\d8\8-3.html"。选择文档中的文本"三娘石"，在"属性"面板中为其创建空链接"#"，如图 8-16 所示。

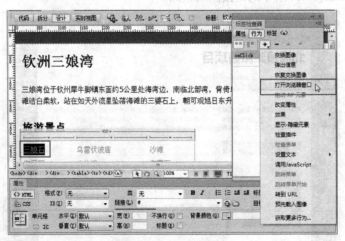

图 8-16 打开页面

（2）单击"行为"面板上的"添加行为"按钮 +，在弹出的菜单中选择"打开浏览器窗口"选项，如图 8-16 所示，弹出"打开浏览器窗口"对话框，设置如图 8-17 所示。

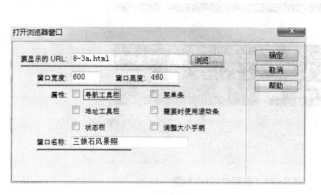

图 8-17 "打开浏览器窗口" 对话框　　　　图 8-18　设置触发事件

（3）单击"确定"按钮，返回到"行为"面板。在"行为"面板中将触发事件修改为 onClik，如图 8-18 所示。

（4）保存页面，在浏览器中预览页面，效果如图 8-19 所示。当用鼠标单击"三娘石"字样时，就会弹出如图 8-20 所示的链接网页页面。

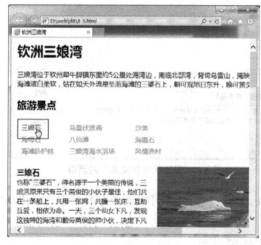

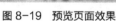

图 8-19　预览页面效果　　　　　　图 8-20　链接页面效果

8.2.4　设置文本

在"设置文本"行为中包括 4 个选项，分别是"设置容器的文本"、"设置文本域文字"、"设置框架文本"和"设置状态栏文本"。这 4 个选项可以分别为 AP Div、文本域、框架和状态栏等对象添加文本信息。下面以设置状态栏文本为例进行介绍，其他 3 项与之类似。

【实例 8-4】使用"设置状态栏文本"行为，实现页面载入时在状态栏看到"欢迎光临本站！"字样。具体操作步骤如下。

（1）打开本书附带的实例文件"web\d8\8-4.html"，在标签选择器中选中<body>标签，如图 8-21 所示。

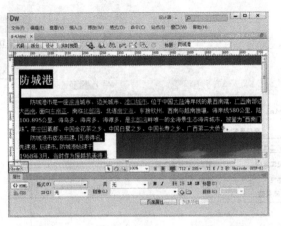

图 8-21　选取<body>标签

（2）单击"行为"面板上的"添加行为"按钮 ＋ ，在弹出的菜单中选择"设置文本>设置状态栏文本"选项，如图 8-22 所示，弹出"设置状态栏文本"对话框，设置如图 8-23 所示。

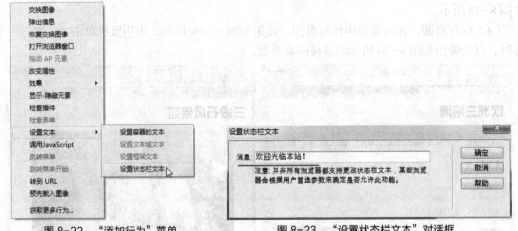

图 8-22　"添加行为"菜单　　　　　　　　　图 8-23　"设置状态栏文本"对话框

（3）单击"确定"按钮，返回到"行为"面板。在"行为"面板中将触发事件修改为 onLoad，如图 8-24 所示。

图 8-24　设置触发事件

（4）完成页面中"设置文本"行为的添加，执行"文件> 保存"命令，保存页面。在浏览器中预览页面，当页面打开时，状态栏会显示设置信息，如图 8-25 所示。

图 8-25　设置状态栏文本效果页面

说明：不是所有的浏览器都能显示状态栏信息，有的根本就不显示状态栏，而有些浏览器先弹出警示栏，当用户单击警示栏，在弹出的菜单中选择"允许阻止的内容"后才会显示。

8.2.5　设置弹出信息

该动作会在某种事件发生时，弹出一个对话框，给用户一些信息。

【实例 8-5】制作一个弹出信息框，当该页面被用户打开时会弹出一个"Hello,Welcome!"的信息框。具体操作如下。

（1）打开本书附带的实例文件"web\d8\8-5.html"，在标签选择器中选中<body>标签，如图 8-26 所示。

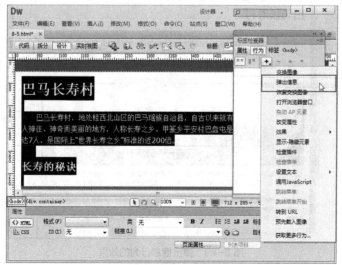

图 8-26　选取<body>标签

（2）单击"行为"面板上的"添加行为"按钮 **+,**，在弹出的菜单中选择"弹出信息"选项，弹出"弹出信息" 对话框，设置如图 8-27 所示。

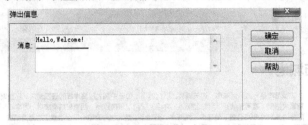

图 8-27　设置"弹出信息"对话框

（3）单击"确定"按钮，返回到"行为"面板。在"行为"面板中将触发事件修改为 onLoad，如图 8-28 所示。

图 8-28　设置触发事件

（4）完成页面中"弹出信息"行为的添加，执行"文件>保存"命令，保存页面。在浏览器中预览页面，当页面打开时，会自动弹出设置好的信息框，如图 8-29 所示。

图 8-29　弹出信息行为的效果

8.2.6 恢复交换图像

利用"恢复交换图像"行为可以将所有被替换显示的图像恢复为原始图像。一般来说，在设置"交换图像"行为时会自动添加交换图像恢复动作，这样当鼠标离开对象时就会自动恢复原始图像。

"恢复交换图像"行为是将最后一组交换的图像恢复为以前的源文件。该行为只有在网页中应用"交换图像"行为后才可以使用。

8.2.7 改变属性

利用"改变属性"行为可以动态改变对象的某个属性值，如 AP Div 的可见性、背景色、图像的大小、路径等。这些改变实际上是改变对象对应标记的相应属性值。单击"行为"面板上的"添加行为"按钮 <kbd>+.</kbd>，在弹出的菜单中选择"改变属性"选项，弹出"改变属性"对话框，如图 8-30 所示。下面先介绍一下"改变属性"对话框中各选项的功能。

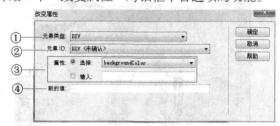

图 8-30 "改变属性"对话框

① **"元素类型"**：从下拉列表中选择需改变属性的对象类型。

② **"元素 ID"**：用来显示网页中所有该类元素的名称。

③ **"属性"**：用来设置改变元素的各种属性，可以直接在"选择"后面的下拉列表中进行选择，如果需要更改的属性值没有出现在下拉列表中，可以在"输入"选项中手动输入属性。

④ **"新的值"**：用来为选择的属性赋予新的值。

【实例 8-6】改变 AP Div 的背景颜色，使鼠标经过时变颜色，鼠标移开时恢复原色。

（1）执行"文件>新建"命令，弹出"新建文档"对话框，新建一个 HTML 文档，将其保存为"web\d8\8-7.html"。

（2）单击"插入"面板上"布局"选项卡中的"绘制 AP Div"按钮 <kbd>曽</kbd>，如图 8-31 所示。在页面中单击并拖动鼠标绘制一个 AP Div，如图 8-32 所示。

（3）选中刚绘制的 AP Div，在"属性"面板上对其相关属性进行设置，如图 8-33 所示。

图 8-31 "插入"面板

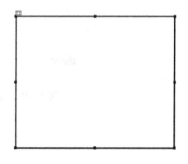

图 8-32 绘制 AP Div

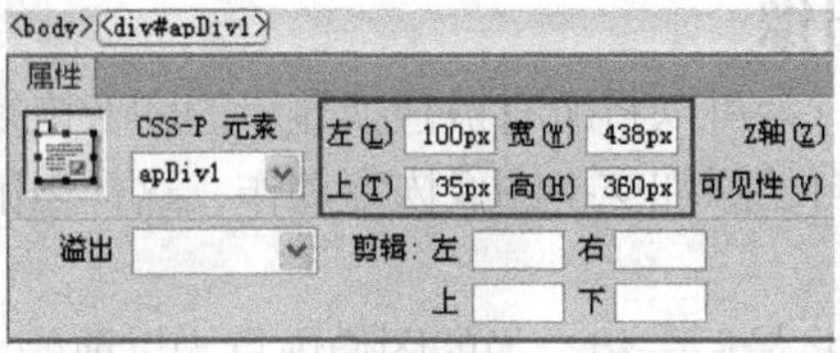

图 8-33　"属性"面板

（4）将光标移至刚绘制的 AP Div 中，插入本书素材库中的图像"web\d8\img\834.jpg"，如图 8-34 所示。

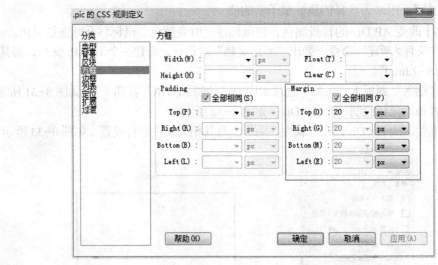

图 8-34　插入图像

（5）为图像创建类样式.pic，设置如图 8-35 所示。为图像应用该样式，效果如图 8-36 所示。

图 8-35　CSS 样式设置

图 8-36　图像效果

（6）选中图像，单击"行为"面板上的"添加行为"按钮 **+_**，在弹出的菜单中选择"改变属性"选项，弹出"改变属性"对话框，设置如图 8-37 所示。

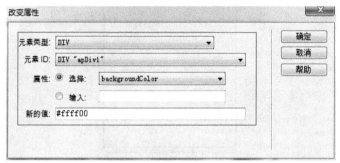

图 8-37　"改变属性"对话框

（7）单击"确定"按钮，在"行为"面板中可以看到刚刚添加的"改变属性"行为。设置该行为的触发事件为 onMouseOver，如图 8-38 所示。

图 8-38　"行为"面板

（8）选中图像，再次添加"改变属性"行为，弹出"改变属性"对话框，设置如图 8-39 所示。单击"确定"按钮，在"行为"面板中设置行为的触发事件为 onMouseOut，如图 8-40 所示。

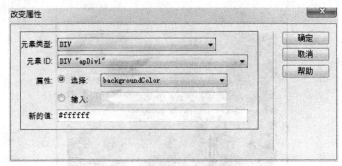

图 8-39　"改变属性"对话框

图 8-40　"行为"面板

（9）保存页面，在浏览器中预览页面，可以看到改变 AP Div 属性的效果，如图 8-41 所示。

图 8-41　在浏览器中预览效果（左图鼠标不在图上，右图鼠标在图上）

8.2.8　拖动 AP 元素

在电子商务网站上时常会看到把商品用鼠标直接拖动到购物车中的情形，及在拼图游戏中用鼠标拖动图片。这些在 Flash 动画中常见的动画情形，在 Dreamweaver CS6 中也可以用行为来实现，这里称为"拖动 AP 元素"。

在网页中单击<body>标签，然后单击"行为"面板上的"添加行为"按钮 **+**，在弹出的菜单中选择"拖动 AP 元素"选项，弹出"拖动 AP 元素"对话框，如图 8-42 所示。下面先来熟悉"拖动 AP 元素"对话框中各选项的功能。

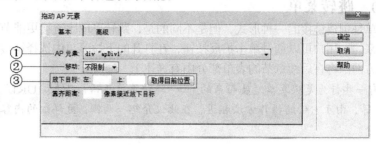

图 8-42　"拖动 AP 元素"对话框

① **"AP 元素"**：在该选项的下拉列表中可以选择允许用户拖动的 AP Div，可以查看 AP Div 名称后的设置。

② **"移动"**：该项包括"限制"与"不限制"两个选项。"不限制"选项适用于拼图游戏和其他拖放游戏；"限制"选项则适用于滑块控制和可移动的布景。

③ **"放下目标"**：在该选项后的"左"和"上"文本框中可以设置一个绝对位置，当用户将 AP Div 拖动到该位置时，自动放下 AP Div。

8.2.9　检查表单

在网上浏览时，经常被要求填写一些表单。这些表单提交后，一般都会有程序自动校验表单的内容是否合法。使用"检查表单"行为并配以 onBlur 事件，可以在用户填写完表单的每一项之后，立刻检验该项是否合理。也可以使用"检查表单"行为并配以 onSubmit 事件，当用户单击提交按钮后，一次校验所有填写内容的合法性。

打开带有表单元素的网页页面，单击"行为"面板上的"添加行为"按钮 **+**，在弹出的菜单中选择"检查表单"选项，弹出"检查表单"对话框。在"检查表单"对话框中可以对相关的参数进行设置，如图 8-43 所示。

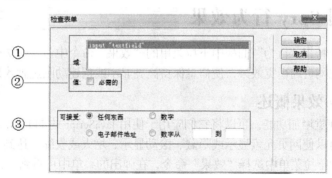

图 8-43　"检查表单"对话框

① **"域"**：用来选择需要检查的文本域。

② **"值"**：选中"必要的"复选框，则表示这是必填项目。

③ **"可接受"**：选择"任何东西"单选按钮，则对用户填写的内容不做限制；选择"数

字"单选按钮，表示用户填写的内容只能是数字；选择"电子邮件地址"单选按钮，浏览器会检查用户填写的内容中是否含有"@"符号；选择"数字从 ⬚ 到 ⬚"单选按钮，会对用户填写的数字的范围做限制。

8.2.10 跳转菜单

跳转菜单是创建链接的一种形式，但是不同的是，跳转菜单比链接更能节省空间。它是从表单发展而来的，用户可以通过单击扩展按钮，在打开的下拉菜单中选择链接，便可链接到目标网页（这方面内容在后续章节的表单部分中有详述）。

> 说明：有一些行为是从表单发展而来的，如"跳转菜单开始"、"转到 URL"、"检查表单"、"跳转菜单"等，由于它们的操作方法相近，在此仅介绍一两例，更详细的内容请参见后续章节的表单部分。

8.2.11 预先载入图像

该行为将页面中由于某种动作才能显示的图片预先载入，使显示的效果平滑。选择页面中的某一个对象，然后单击"行为"面板中的"添加行为"按钮 ＋，在弹出的菜单中选择"预先载入图像"选项，弹出"预先载入图像"对话框，如图 8-44 所示。

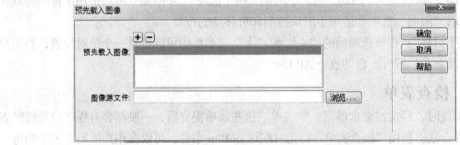

图 8-44 "预先载入图像"对话框

在"预先载入图像"对话框中，单击"浏览"按钮选择预先载入的图像文件。单击 ＋按钮，可以继续填加需要预先载入的图像文件，完成"预先载入图像"对话框的设置后单击"确定"按钮，在"行为"面板中可以对触发该行为的事件进行修改。

8.3 应用 Spry 行为效果

Spry 行为效果特指"行为"面板中下拉菜单的"效果"命令中包含的 7 个行为。通过这些行为可以增强静态网页的视觉效果，使信息保持高亮显示或创建动画过渡效果等。

8.3.1 Spry 效果概述

Spry 效果是视觉增加功能，可以将它们应用于使用 JavaScript 的 HTML 页面上的几乎所有元素。通过它们可以使网页元素显示或隐藏、滚动显示、增大或收缩，达到类似动画的效果。在"行为"面板的下拉菜单中选择"效果"命令，在弹出的菜单中可看到包含的 Spry 效果，如图 8-45 所示。

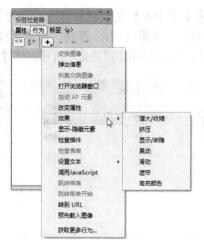

图 8-45　Spry 效果菜单

菜单中各项效果介绍如下。

✦　**"显示/渐隐"**：使元素显示或渐隐。

✦　**"高亮颜色"**：更改元素的背景颜色。

✦　**"遮帘"**：模拟百叶窗，向上或向下滚动百叶窗来隐藏或显示元素。

✦　**"滑动"**：上下移动元素。

✦　**"增大/收缩"**：使元素变大或变小。

✦　**"晃动"**：模拟从左向右晃动元素。

✦　**"挤压"**：使元素从页面的左上角消失。

8.3.2　为页面添加 Spry 效果

合理应用 Spry 效果可以丰富页面效果，如更改元素的不透明度、缩放比例和背景颜色等，以达到网页设计者预期的效果。

【实例 8-7】在本书附带实例"web\d8\8-8.html"网页中添加 Spry 效果。具体步骤如下。

（1）打开网页文件"8-8.html"，可以看到页面中横向包含了 3 个并排的 Div 标签和其中包含的内容，效果如图 8-46 所示。

图 8-46　原始页面效果

（2）在设计视图中选取第 1 个 Div 标签，然后打开"行为"面板，单击"添加行为"按钮 **+**，在弹出的下拉菜单中选择"效果 >显示/渐隐"命令，打开"显示/渐隐"对话框，在其中进行如图 8-47 所示的设置。完成后单击"确定"按钮，此时"行为"面板如图 8-48 所示。

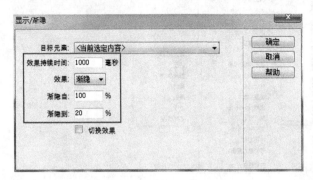

图 8-47 "显示/渐隐"对话框 　　　　　　　图 8-48 "行为"面板

（3）选取第 1 个 Div 标签中的图片，在"行为"面板的下拉菜单中选择"效果 >增大/收宿"命令，打开"增大/收缩"对话框，保持默认设置不变，单击"确定"按钮，如图 8-49 所示。完成后单击"确定"按钮，此时"行为"面板如图 8-50 所示。

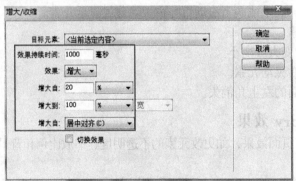

图 8-49 "增大/收缩"对话框 　　　　　　　图 8-50 "行为"面板

（4）选择第 2 个 Div 标签，在"行为"面板的下拉菜单中选择"效果 > 晃动"命令，打开"晃动"对话框，保持默认设置不变，单击"确定"按钮，如图 8-51 所示。完成后单击"确定"按钮，此时"行为"面板如图 8-52 所示。

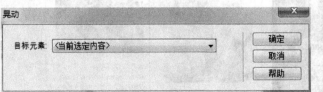

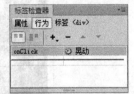

图 8-51 "晃动"对话框 　　　　　　　图 8-52 "行为"面板

（5）选择第 3 个 Div 标签，在"行为"面板的下拉菜单中选择"效果 > 遮帘"命令，打开"遮帘"对话框，在其中进行如图 8-53 所示的设置。完成后单击"确定"按钮，此时"行为"面板如图 8-54 所示。

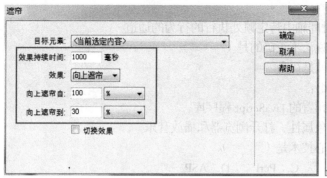

图 8-53 "遮帘"对话框 | 图 8-54 "行为"面板

（6）保存文件，并按 F12 键预览。当单击不同的元素时会分别产生遮帘、晃动、显示/渐隐等效果，如图 8-55 所示。

图 8-55 预览 Spry 效果

8.4 小结

本章介绍了添加行为的方法、编辑行为的技术和使用行为的技巧。行为技术可以让网页"形"、"神"兼备，可以实现丰富的动态页面效果，实现人与页面的交互。

8.5 习题

一、填空题

1. 行为由_____、_____和_____ 构成，通过_____响应进而执行对应的_____。
2. 在 Dreamweaver CS6 中，打开"行为"面板的快捷键是_____。
3. 动作通常是一段_____。
4. 一个事件可以同_____动作相关联。

二、选择题

1. 下列关于"行为"面板的说法中错误的是（   ）。

A. 动作（＋）是一个菜单列表，其中包含可以附加到当前所选元素的多个动作

B. 删除（－）是从行为列表中删除所选的事件和动作

C. 上下箭头按钮是将特定事件的所选动作在行为列表中向上或向下移动，以便按定义的顺

序执行

D. "行为"通道不是在时间轴中特定帧处执行的行为的通道

2. 下列关于"行为"的说法不正确的是（   ）。

A. 行为就是事件，事件就是行为

B. 行为是事件和动作的组合

C. 行为是 Dreamweaver 预置的 JavaScript 程序库

D. 通过行为可以改变对象属性、打开浏览器和播放音乐

3. 实现网页交互性的核心技术是（   ）。

A. JavaScript　　　B. VB　　　C. Perl　　　D. ASP

4. 下列关于"Spry"的说法正确的是（   ）。

A. Spry 行为是视觉效果行为，只能看，不能编辑

B. Spry 行为是 Dreamweaver CS6 的外挂程序

C. Spry 行为是 Dreamweaver CS6 预置的 JavaScript 程序库

D. 通过 Spry 行为效果可以改变对象属性、打开浏览器和播放音乐

三、判断题

1. 行为是 Dreamweaver 预置的 JavaScript 程序库。（   ）

2. Dreamweaver CS6 预置的行为只能让对象实现简单的效果，在代码页面，通过添加合适的 VBScript、JavaScript 等脚本语言即可让对象实现更复杂的效果。（   ）

四、简答题

1. 简述行为的概念及其特点。

2. Dreamweaver CS6 预置的"检查表单"行为中的提示是英文的，有没有办法将其修改为中文？

8.6　上机实训

1. 制作一个鼠标单击的弹出消息框，消息框内容为"禁止鼠标单击"。

2. 使用 Spry 对象为导航创建下拉菜单，如图 8-56 所示。

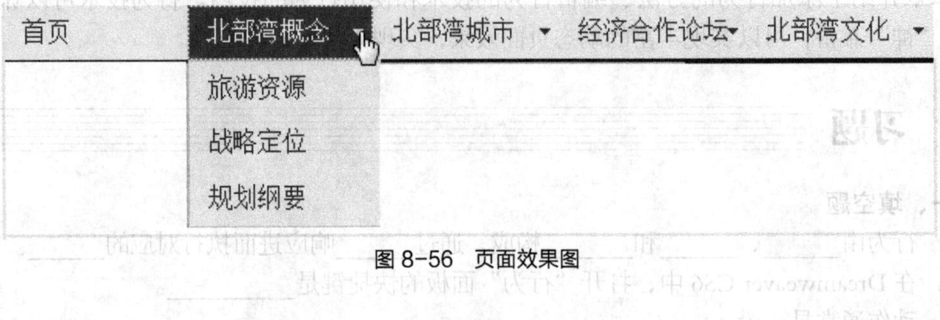

图 8-56　页面效果图

PART 9

情景导入

　　小白在一家网页制作公司开始了她的实习生活。为了快速胜任网页制作的工作，小白开始学习交互式表单的相关知识。

知识技能目标

- 认识表单。
- 了解常用的表单元素。
- 了解表单与表单域之间的关系和作用。

- 结合网页制作了解 Spry 验证表单能够实现的功能。
- 能够运用所学知识制作交互式表单。

课堂案例展示

表单效果示意图

9.1 初识表单

日常生活中，人们常常需要填写各种各样的表单，如银行里的存款单、商店里的购物单、邮局里的包裹单等。在网上也有类似的各种表单，网上的表单主要用来收集用户的信息。本章着重介绍交互式表单，交互式表单也是表单的一种，它的作用是收集用户信息，将其提交到服务器，从而实现与用户的交互，如调查表、订单等。

表单具有调查数据、搜索信息等功能。一般的表单由两部分组成，一是描述表单元素的HTML源代码；二是客户端的脚本或者服务器端用来处理用户所填写信息的程序。

9.1.1 表单概述

当访问者将信息输入表单并单击"提交"按钮时，浏览器根据表单中的设置处理用户输入的数据。若表单指定通过服务器端的脚本程序进行处理，则该程序处理完毕后将结果反馈给浏览器（即用户看到的反馈结果）；若表单指定通过客户端（即用户方）的脚本程序进行处理，则处理完毕后也会将结果反馈给用户。

两种表单数据处理方法各有优缺点。服务器端方式的主要优点是可以全方位地处理用户输入的数据，但占用服务器的资源；客户端方式的优点是不占用服务器资源，反馈结果快，但只能对用户输入的数据进行有限的处理。ASP、C 等是常用的服务器端脚本程序编写语言，而 JavaScript、VBScript 等是常用的客户端脚本程序编写语言。服务器端脚本程序的运行一定要在服务器环境下，而客户端脚本程序运行只需浏览器环境即可。

表单是网站设计者与浏览者之间沟通的桥梁，通过表单，网站设计者可以收集分析用户的反馈意见，从而做出科学的、合理的决策，使网站更具有吸引力。使用 Adobe Dreamweaver CS6 不但可以创建和使用表单，还可以使用行为来验证用户输入信息的正确性。

9.1.2 认识常用的表单元素

在 Adobe Dreamweaver CS6 的"经典"模式下，"插入"面板上有一个"表单"选项卡，选中"表单"选项卡，可以看到在网页中插入的表单元素按钮，如图 9-1 所示。

图 9-1 "表单"选项卡

"表单"选项卡中各元素按钮的功能如下。

① **"表单"按钮** ▢：用于在网页中插入一个表单域。所有表单元素必须存在于表单域中。

② **"文本字段"按钮** ▢：用于输入文本、数字和字母，例如，姓名、密码、E-mail 地址、联系电话、联系地址等内容均填写在文本字段中。文本域有单行、多行和密码三种显示方式。其中密码是用"★"或项目符号的方式显示，不可见。单行显示的文本域称为文本字段，多行显示则称为文本区域。两者可以相互转换。

③ **"隐藏域"按钮** ▥：可用于存储用户输入的信息，如姓名、电子邮件地址或常用的查看方式，以便于在用户下次访问该网站的时候使用这些数据。

④ **"文本区域"按钮** ▣：用于在表单域中插入一个可输入多行文本的文本域。

⑤ **"复选框"按钮** ☑：用于在表单域中插入一个复选框。复选框允许用户选择任意多个选项。

⑥ **"复选框组"按钮** ▥：用于在表单域中插入一组复选框，即直接插入两个或两个以上的复选框。

⑦ **"单选按钮"按钮** ◉：用于在表单域中插入一个单选按钮。

⑧ **"单选按钮组"按钮** ▥：用于在表单域中插入一组单选按钮，即直接插入两个或两个以上的单选按钮。

⑨ **"列表/菜单"按钮** ▤：用于在表单域中插入一个列表或一个菜单。"列表"选项在一个滚动列表中显示选项值，浏览者可以从该滚动列表中选择多个选项。"菜单"选项则是在一个菜单中显示选项值，浏览者只能从中选择单个选项。

⑩ **"跳转菜单"按钮** ↗：用于在表单域中插入一个可以进行跳转的菜单。跳转菜单是可导航的列表或弹出菜单，它使用户可以插入一个菜单，这个菜单中的每个选项都拥有链接的属性，单击即可跳转至其他网页或文件。

! **"图像域"按钮** ▣：用于在表单域中插入一个可放置图像的区域。该图像用于生成图形化的按钮，例如"提交"或"重置"按钮。

@ **"文件域"按钮** ▯：用于在表单域中插入一个文本字段和一个"浏览"按钮。浏览者可以使用文件域浏览本地计算机上的某个文件，并将该文件作为表单数据进行上传。

"按钮"按钮 ▭：用于在表单域中插入一个可以单击的按钮。单击它可以执行某一脚本或程序，例如"提交"或"重置"按钮，并且用户还可以自定义按钮的名称和标签。

$ **"Spry 验证文本域"按钮** ▣：用于在表单域中插入一个具有验证功能的文本域，该文本域用于在用户输入文本时显示文本的状态（有效或无效）。

% **"Spry 验证文本区域"按钮** ▣：用于在表单域中插入一个具有验证功能的文本区域，该区域在用户输入几个文本句子时显示文本的状态（有效或无效）。如果文本域是必填域，而用户没有输入任何文本，该 Spry 构件将返回一条消息，提示必须输入值。

^ **"Spry 验证复选框"按钮** ☑：Spry 验证复选框构件是表单中的一个或一组复选框，该复选框在用户选择或没有选择复选框时显示构件的状态（有效或无效）。

& **"Spry 验证选择"按钮** ▤：Spry 验证选择构件是一个下拉菜单，该菜单在用户进行选择时会显示构件的状态（有效或无效）。

* **"Spry 验证密码"按钮** ▥：Spry 验证密码构件是一个密码文本域，可以用于强制执行密码规则，例如字符的数目和类型。该 Spry 根据用户的输入提示警告或错误信息。

(**"Spry 验证确认"按钮** ▯：Spry 验证确认构件是一个文本域或密码域，当用户输入的值与同一表单中类似域的值不匹配时，该 Spry 构件将显示有效或无效状态。

) **"Spry 验证单选按钮组"按钮** ▥：Spry 验证单选按钮组构件是一组单选按钮，可以支持对所选内容进行验证，该 Spry 构件可以强制从组中选择一个单选按钮。

9.2　表单元素在网页中的应用

每个表单都是由一个表单域和若干个表单元素组成的，所有的表单元素要放到表单域中才会有效。因此，制作表单页面的第一步是插入表单域。下面介绍在网页中插入表单元素的方法，以及如何对表单元素进行设置。

9.2.1 表单域

在 Adobe Dreamweaver CS6 的"经典"模式下，单击"插入"面板上的"表单"选项卡，从中选择"表单"按钮，即可在网页中的光标处插入带有红色虚线的表单域，如图 9-2 所示。

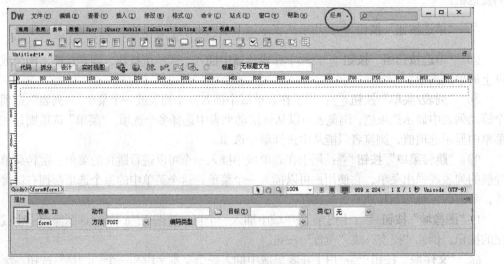

图 9-2 "经典"模式窗口

在 Adobe Dreamweaver CS6 的其他模式下，"插入"面板是以如图 9-3 所示的方式呈现的。

图 9-3 "插入"面板

将光标移至刚插入的表单域中，在"状态"栏的"标签选择器"中选中<form#form1>标签，即可将表单域选中。这时即可在"属性"面板上对表单域的属性进行设置，如图 9-4 所示。

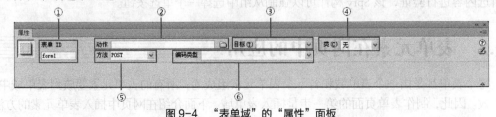

图 9-4 "表单域"的"属性"面板

"表单域"的"属性"面板中各项属性介绍如下。

① **"表单 ID"**：用于设置表单的名称。为了正确处理表单，一定要给表单设置一个名称。

② **"动作"**：用于设置处理这个表单的服务器端脚本的路径。

③ **"目标"**：用于设置表单被处理后，反馈网页打开的方式，其中包括 5 个选项。反馈网页默认的打开方式是在原窗口中打开。

④ **"类"**：在该选项的下拉列表中可以选择已经定义好的 CSS 样式。

⑤ **"方法"**：用于设置将表单数据发送到服务器的方法，其中包括了 3 个选项，分别是"默认"、"POST"和"GET"。如果选择"默认"或"GET"，则将以 GET 方法发送表单数据，把表单数据附加到请求 URL 中发送；如果选择"POST"，则将以 POST 方法发送表单数据，把表单数据嵌到 http 请求中发送。一般选择 POST 发送。

⑥ **"编码类型"**：该选项用来设置发送数据的编码类型，在该选项的下拉列表中包括两个选项，分别是"application/x-www-form-urlencoded"和"multipart/form-data"。默认的编码类型是 application/x-www-form-urlencoded。application/x-www-form-urlencoded 通常与 POST 方法协同使用，如果表单中包含文件上传域，则应该选择"multipart/form-data"。

9.2.2 文本字段/文本区域

文本域用于输入文本、数字和字母，例如，姓名、密码、E-mail 地址、联系电话、联系地址等内容均填写在文本字段中。文本域有单行、多行和密码三种显示方式。其中密码是用"★"显示，不可见。单行显示的文本域称为文本字段，多行显示则称为文本区域。两者可以相互转换。

创建表单后，将光标定位到表单中，单击"插入"面板上的"表单"选项卡，从中选择"文本字段"按钮，如图 9-5 所示，弹出"输入标签辅助功能属性"对话框，从中进行相应属性的设置，比如制作一个用户名的字段，设置如图 9-6 所示。

图 9-5 "插入"面板

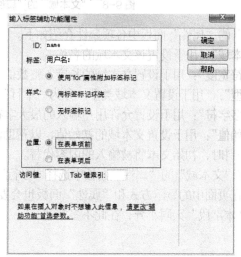

图 9-6 "输入标签辅助功能属性"对话框

设置完成后单击"确定"按钮，即可在光标所在位置插入文本字段，如图 9-7 所示。

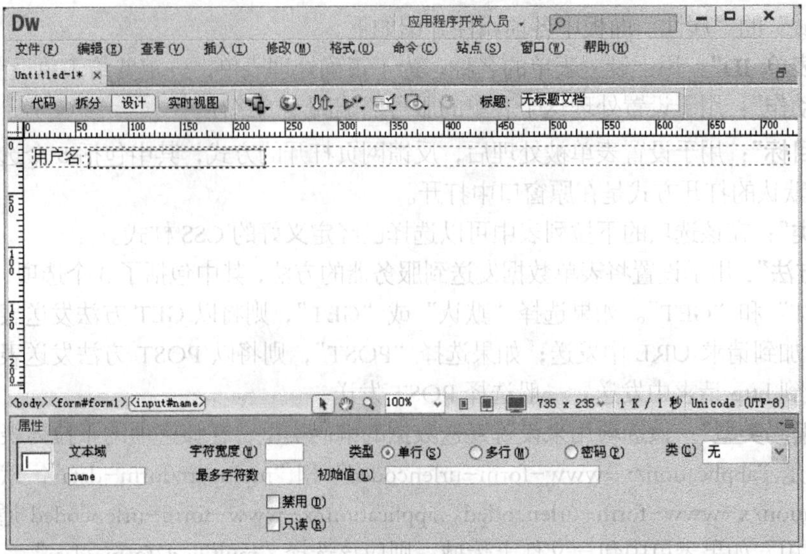

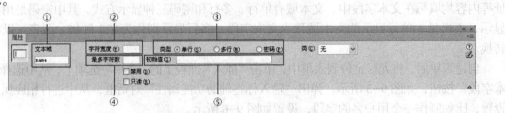

图 9-7　在页面中插入文本字段

选中页面中的文本字段，在"属性"面板中可以对文本域的属性进行相应的设置，如图 9-8 所示。

图 9-8　"文本域"的"属性"面板

"文本域"的"属性"面板中各项属性介绍如下。

① **"文本域"**：用于设置该文本域的名称。

② **"字符宽度"**：用于设置文本域的长度（整数值）。

③ **"类型"**：　用于设置文本域类型。分为"单行"、"多行"和"密码"三种类型。

④ **"最多字符"**：用于设置允许用户输入的最大字符数（仅当类型为单行或密码时有效）。

⑤ **"初始值"**：用于设置文本域的初始值，以帮助浏览者顺利填写该文本框中的资料。当浏览者输入资料时，初始文本将被输入的内容代替。

当用户在"文本域"的"属性"面板中选择"多行"类型时，"文本字段"就转换成了"文本区域"，其在页面中的显示方式和"属性"面板也会发生相应的改变，如图 9-9 所示，但设置方法与"文本字段"大同小异，在此不多赘述。

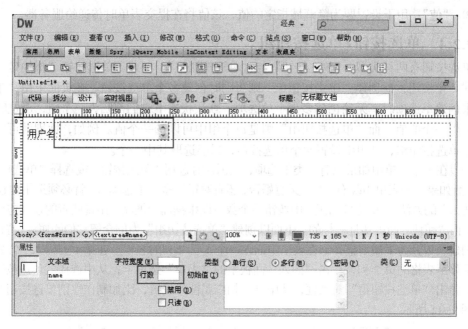

图 9-9 在页面中插入"文本区域"

9.2.3 隐藏域

隐藏域是用来收集有关用户信息的文本域，它能够使用户的数据被隐藏在那里。使用隐藏域可以实现浏览器与服务器在后台隐蔽地交换信息，当用户下次访问该站点时能够使用输入的这些信息。在插入隐藏域时，Adobe Dreamweaver CS6 会在文档中创建标记，如图 9-10 所示。访问者在浏览时看不见隐藏区域，只是提交表单时连同隐藏区域内的数据一起发送。

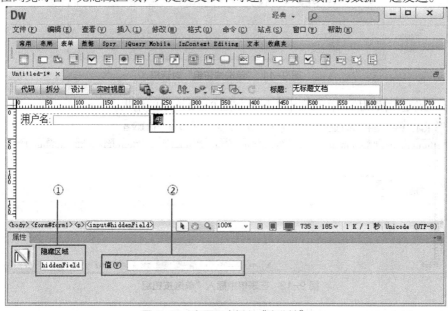

图 9-10 在页面中插入"隐藏域"

"隐藏区域"的"属性"面板中两项属性功能如下。

① **"隐藏区域"**：用于设置隐藏区域的名称。

② **"值"**：用于设置要为隐藏域指定的值，该值将在提交表单时传递给服务器。

9.2.4 单选按钮/单选按钮组

单选按钮有两种类型，"单选按钮"与"单选按钮组"。创建"单选按钮"指的是一次单独创建一个按钮，而创建"单选按钮组"则可同时创建多个单选按钮。在页面上用"单选按钮"来创建单选项时，无论创建多少个单选项，默认状态下它们都归为一个组，浏览时只能选取其中一个的值。而"单选按钮组"则是每个组中可以选一个值。例如，性别就可以设置为一个单选按钮组，其组中设置两个单选按钮，只能选取其中一个。

一般在一个表单中如果只有一类单选项，在创建时选用"单选按钮"或选择"单选按钮组"均可。而如果一个表单中既有性别，又有婚否，还有对错等多个单选项时，就必须选用创建"单选按钮组"的方法。"单选按钮组"中按钮的个数可以根据需要增减。虽说两者的创建方法有点差异，但"属性"面板却是一样的。下面以创建"单选按钮组"为例介绍它们的属性设置方法。

创建表单，为了规划整齐，在表单中插入一个 1 行 2 列的表格。在第 1 列输入"性别："。将光标移至表格的第 2 列，单击"插入"面板上的"表单"选项卡，从中选择"单选按钮组"按钮，弹出"单选按钮组"对话框，从中进行相应属性的设置，比如制作性别单选按钮组，设置如图 9-11 所示。

图 9-11 "单选按钮组"对话框

单击"确定"按钮后，在页面中将显示如图 9-12 所示的结果。

图 9-12 在表单中插入"单选按钮组"

选中一个单选按钮，其"属性"面板如图 9-13 所示。

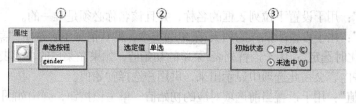

图 9-13　"单选按钮组"的"属性"面板

"单选按钮组"的"属性"面板中各项属性的功能介绍如下。

① **"单选按钮"**：用于设置单选按钮的名称。

② **"选定值"**：用于设置单选按钮被选择时的取值。当用户提交表单时，该值被传送给服务器端应用程序。

③ **"初始状态"**：用于设置首次载入表单时单选按钮是否被选中。

9.2.5　复选框/复选框组

单击"插入"面板上的"表单"选项卡，从中选择"复选框"按钮，即可在表单中插入一个复选框。设置"复选框/复选框组"方法与设置"单选按钮\单选按钮组"的方法相同，在此不多赘述。

9.2.6　选择（列表/菜单）

"选择（列表/菜单）"的功能与单选按钮、复选框相似，利用它可限制访问者在有限的项目中选择适当的选项。"选择（列表/菜单）"分为"菜单"和"列表"两种形式，"菜单"限制访问者选择一项，"列表"则允许访问者选择多项。单击"插入"面板上的"表单"选项卡，从中选择"选择（列表/菜单）"按钮，将会弹出"输入标签辅助功能属性"对话框，对其中的属性做相应的设置，并单击"确定"按钮后，可在表单域中创建一个下拉式列表框。选取列表框，打开如图9-14所示的属性面板。

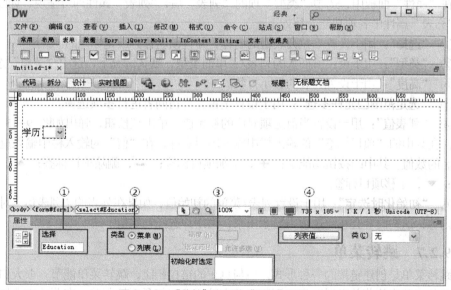

图 9-14　"菜单"类型的"属性"面板

1."菜单"设置

"菜单"属性中各项功能介绍如下。

① **"选择"**：用于设置下拉列表框的名称，并且该名称必须是唯一的。

② **"类型"**：用于设置所插入的列表/菜单的类型，默认情况下，选中"菜单"选项。

③ **"初始化时选定"**：用于设置列表/菜单的初始值，如果在菜单的"列表值"对话框中添加了内容，这些内容会在此选项中显示出来，供用户选择初始值。

④ **"列表值"**：用于设置当前选项对应的初始值。单击该按钮，弹出如图 9-15 所示的对话框。在其中的"项目标签"的输入栏中输入项目名称，在"值"的输入栏中输入返回给网页设计者的数值。其中的按钮功能是：**＋**，增加项目标签；**—**，删除项目标签；**▲**，上移项目标签；**▼**，下移项目标签。

图 9-15　"列表值"对话框

2. "列表"设置

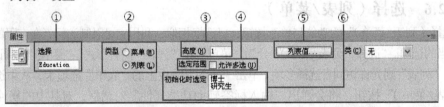

图 9-16　"列表"类型的"属性"面板

在"属性"面板中，选中"类型"项的"列表"后，"列表"属性即可呈现，如图 9-16 所示。"列表"属性中各项功能介绍如下。

① **"选择"**：用于设置下拉列表框的名称，并且该名称必须是唯一的。

② **"类型"**：用于设置所插入的列表/菜单的类型，默认情况下，选中"菜单"选项。

③ **"高度"**：用于设置列表的显示行数。

④ **"选定范围□允许多选"**：用于设置是否允许访问者进行多项选择。

⑤ **"列表值"**：用于设置当前选项对应的初始值。单击该按钮，弹出如图 9-15 所示的对话框。在其中的"项目标签"的输入栏中输入项目名称，在"值"的输入栏中输入返回给网页设计者的数值。其中的按钮功能是：**＋**，增加项目标签；**—**，删除项目标签；**▲**，上移项目标签；**▼**，下移项目标签。

⑥ **"初始化时选定"**：用于设置列表/菜单的初始值，如果在列表的"列表值"对话框中添加了内容，这些内容会在此选项中显示出来，供用户选择初始值。

9.2.7　跳转菜单

跳转菜单是创建链接的一种形式，但与真正的链接相比，跳转菜单能节省很大的空间。跳转菜单从表单中的菜单发展而来，浏览者单击扩展按钮打开下拉菜单，在菜单中选择链接，即可链接到目标网页。

单击"插入"面板上的"表单"选项卡，从中选取"跳转菜单"按钮，出现"插入跳转菜单"对话框，如图 9-17 所示。

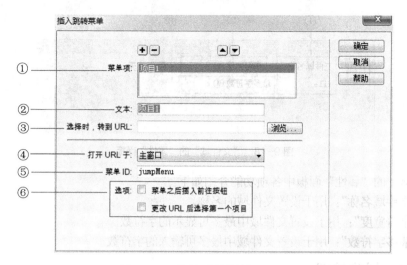

图 9-17　"插入跳转菜单"对话框

"插入跳转菜单"对话框中各项功能介绍如下。

① **"菜单项"**：在该选项的列表中列出了所有存在的菜单。"菜单项"上方的 4 个按钮从左至右依次是"添加项" **✚**、"删除项" **━**、"在列表中上移项" **▲** 和"在列表中下移项" **▼** 按钮。当用户输入完一个菜单项后，单击"添加项"按钮可输入第二个菜单项。单击"删除项"按钮，可删除在菜单项列表中选定的一个菜单。

② **"文本"**：用于输入要在菜单列表中显示的文本。

③ **"选择时，转到 URL"**：用于设置目标网页的网址，可以是绝对地址，也可以是相对地址的文件。

④ **"打开 URL 于"**：设置跳转菜单的目标窗口。

⑤ **"菜单 ID"**：用于设置菜单项的名称，以便于记忆。

⑥ **"选项"**：该选项中包含两个选项，前者是为"跳转菜单"添加一个"前往"按钮，后者是提供菜单选择提示（如"请选择文章类型："）。

9.2.8　图像域

图像域最常见的功能是使用图片替代提交按钮，使文档更加美观。在表单中插入图像域的操作类似于在页面中插入图像的操作，属性设置也大同小异。

9.2.9　文件域

文件域的基本功能是能够让浏览者在域内部填写自己硬盘上的文件路径，然后通过表单进行上传。文件域类似于其他文本域，只是文件域还包含一个"浏览"按钮。浏览者既可以在文件域的文本框中输入要上传的文件路径，也可以使用"浏览"按钮定位和选择上传的文件。当浏览者提交表单时，这个文件将被上传。创建"文件域"后，即可打开"文件域"的属性面板，如图 9-18 所示。

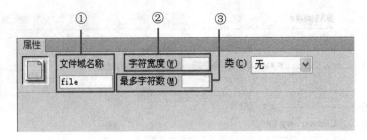

图 9-18 "文件域"的"属性"面板

"文件域"的"属性"面板中各项功能介绍如下。

① **"文件域名称"**：用于设置文件域的名称。

② **"字符宽度"**：用于设置文件域中最多可显示的字符数。

③ **"最多字符数"**：用于设置文件域中最多可输入的字符数。

9.2.10 创建按钮

表单中只有两个按钮，"提交"按钮和"重置"按钮。单击按钮可以执行某个脚本或程序。创建表单后，将光标置于表单中，单击"插入"面板上的"表单"选项卡，从中选取"按钮"按钮，出现"输入标签辅助功能属性"对话框，设置好相关的属性后，单击"确定"按钮，即可在表单中插入按钮。

选中插入的按钮，打开"属性"面板，在该面板中对按钮的相关属性进行设置，如图 9-19 所示。

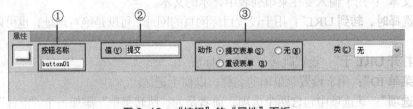

图 9-19 "按钮"的"属性"面板

"按钮"的"属性"面板中各项功能介绍如下。

① **"按钮名称"**：用于设置按钮的名称。

② **"标签"**：用于设置按钮上显示的文字。

③ **"动作"**：用于设置单击按钮时发生的动作，其中包含 3 个选项，分别为"提交表单"、"重设表单"和"无"。

9.3 表单综合实例

【实例 9-1】创建如图 9-20 所示的表单。具体操作方法如下。

图 9-20　表单效果图

（1）单击"插入"面板上的"表单"选项卡，从中选取"表单"按钮，在页面中插入一个表单区域。

（2）将光标移至表单区域，单击"插入"面板上的"表单"选项卡，从中选取"文本字段"按钮，出现"输入标签辅助功能属性"对话框，设置相关属性，如图 9-21 所示，并单击"确定"按钮。

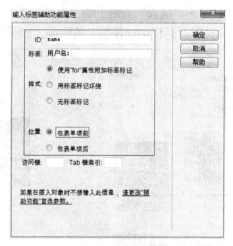

图 9-21　"输入标签辅助功能属性"对话框

（3）选中刚添加的文本字段框，在其"属性"面板中设置"字符宽度"为 50。

（4）重复上述步骤，再次向表单中添加一个文本字段，将"ID"设置为"Cipher"，"标签"设置为"密码"，其"属性"面板设置如图 9-22 所示。

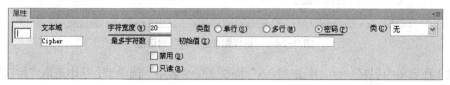

图 9-22　密码文本域的"属性"面板

（5）在表单中另起一行，输入"兴趣爱好："，并在其后依次插入 5 个复选框，它们的 "标签(ID)"分别是：旅游（ly）、网购（wg）、读书（ds）、音乐（yy）、健身（js）。

（6）在表单中另起一行，输入"性别："，并在其后依次插入 2 个单选按钮，它们的 "标签(ID)"分别是："男（y）"、"女（x）"。

（7）在表单中另起一行，单击"插入"面板上的"表单"选项卡，从中选取"选择（列表/菜单）"按钮，在出现的"输入标签辅助功能属性"对话框中设置"ID"为"xl"，"标签"为"学历："，在"属性"面板中设置"类型"为"菜单"。"列表值"设置如图 9-23 所示。

图 9-23　"列表值"对话框

（8）重复上述步骤(2)，在表单中插入一个"ID"为"email"、"标签"为"电子邮箱"的文本字段。

（9）在表单中另起一行，单击"插入"面板上的"表单"选项卡，从中选取"文件域"按钮，在出现的"输入标签辅助功能属性"对话框中设置"ID"为"jl"，"标签"为"个人简历："。

（10）在表单中另起一行，单击"插入"面板上的"表单"选项卡，从中选取"图像域"按钮，在弹出的"选择图像源文件"对话框中选择想要的图像，如图 9-24 所示。

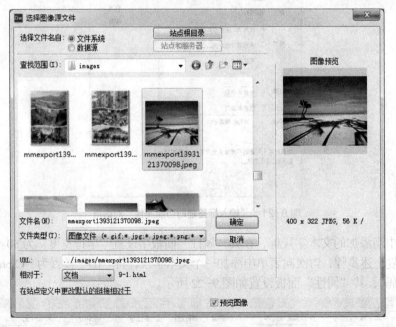

图 9-24　"选择图像源文件"对话框

（11）在表单中另起一行，单击"插入"面板上的"表单"选项卡，从中选取"按钮"按钮，设置其"ID"为"cz"，并在其"属性"面板中设置"动作"为"重设表单"。

（12）将文件保存为"web\d9\9-1.html"，以备后续章节使用。

9.4 验证表单

在登录和注册页面中，当访问者填写完信息后，程序都会验证表单内容的合法性。表单的验证可以通过行为来实现，也可以通过 Spry 来实现。

9.4.1 使用 Spry 验证表单

下面以网页文件"9-1.html"为素材，介绍如何通过 Spry 验证表单中的表单项。

（1）打开文件"9-1.html"，如图 9-25 所示，选中第 1 个文本字段，单击"插入"面板上的"表单"选项卡中的"Spry 验证文本域"按钮，添加 Spry 验证文本域，效果如图 9-26 所示。

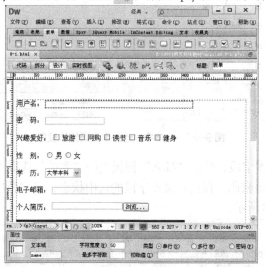

图 9-25 打开页面

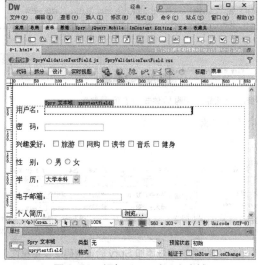

图 9-26 添加 Spry 验证文本域

（2）保持该文本域的选中状态，在"属性"面板中将该文本字段的"预览状态"设置为"必填"，设置完成后，可以看到该文本字段的效果，如图 9-27 所示。

图 9-27 文本字段的效果及属性的设置

（3）选中第 2 个文本字段，单击"插入"面板上的"表单"选项卡中的"Spry 验证密码"按钮 ，添加 Spry 验证密码，保持该文本字段的选中状态，在"属性"面板上对相关属性进行设置，效果如图 9-28 所示。

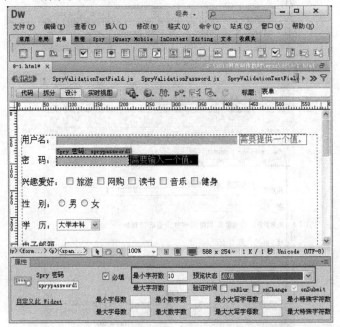

图 9-28 为文本域添加 Spry 验证密码及设置属性

（4）保存页面，在浏览器中预览页面效果，如图 9-29 所示。

图 9-29　预览效果

图 9-30　预览效果

（5）对表单进行验证，当访问者没有输入用户名和密码时，单击图像提交，效果如图 9-30 所示。当输入用户名不输入密码时，单击图像提交，效果如图 9-31 所示。当输入用户名也输入密码，但密码小于 10 位数时，效果如图 9-32 所示。

图 9-31 预览效果

图 9-32 预览效果

9.4.2 使用行为验证表单

使用行为验证表单，首先要设置表单的提交属性，使之具备验证的条件，这样在验证时才好判断条件成立与否。也就是说要分两步走，一是设置提交属性；二是设置检查表单行为。下面以文件"9-1.html"为素材，介绍如何通过行为验证表单中的表单项。

1．设置表单的提交属性

（1）打开本书附带的实例"web\d9\9-1.html"，如图 9-33 所示。我们将为 ID 名为"email"、标签为"电子邮箱"的文本字段添加行为。

图 9-33 打开页面

（2）单击页面左下角"标签选择器"上的 form 标签，在属性面板上的"动作"栏中输入"mailto:（网站管理员的电子信箱地址）"，本例输入的是"mailto:888999fff@qq.com"，表示把表单中的内容发送到一个电子邮箱中。在"方法"中选择"POST"，表示把表单数据传递给动作，也就是说把它发送到邮箱 888999fff@qq.com 中去，如图 9-34 所示。

（3）继续选中 form 标签，打开"标签〈form〉"面板，在"常规"选项卡中选取"enctype"属性，然后单击右边的下拉箭头，选择"text/plain"类型，如图 9-35 所示。

（4）保存文件并按 F12 键预览该表单页面。当用户单击图像提交时，会弹出如图 9-36 所示的提示框，询问用户表单是否以电子邮件形式发送，单击"确定"按钮后，便会发送表单内容。

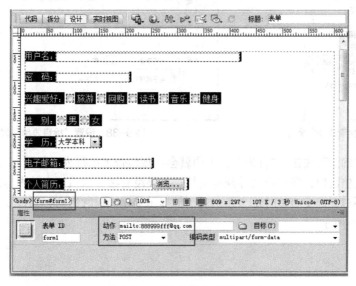

图 9-34 设置表单的"属性"面板

图 9-35 "标签检查器"属性面板

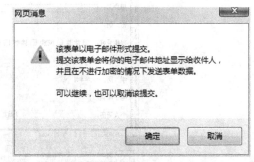

图 9-36 提示信息框

2. 设置检查表单行为

（1）单击"行为"面板，在其中单击 + 按钮，在弹出的菜单中选择"检查表单"命令，如图 9-37 所示，弹出"检查表单"对话框，设置如图 9-38 所示。

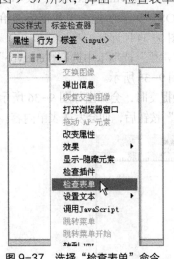

图 9-37 选择"检查表单"命令

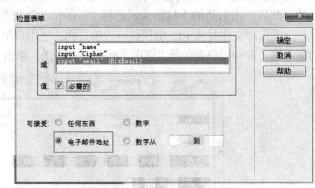

图 9-38 设置"检查表单"属性

（2）单击"确定"按钮。"行为"面板中就会出现检查表单行为，如图 9-39 所示。

（3）返回文档窗口，保存页面并预览文档。如果没有按要求填写表单内容，如电子邮件没填或填写格式不对，提交表单时都会弹出对话框提示错误，提醒用户必须按要求输入电子邮件地址，如图 9-40 所示。

图 9-39 "行为"面板

图 9-40 提示信息框

9.5 小结

本章主要介绍了创建表单、添加表单对象以及使用行为验证表单等技术方法。表单可以帮助 Web 服务器从用户处收集信息，如收集用户资料、获取用户订单。表单网页是设计与功能的结合，因此创建表单时既要考虑页面的设计美观，又要把握好表单与服务器端的程序很好地结合。

9.6 习题

一、填空题

1. 文本域主要有_____、_____和_____三种形式。

2. 一个完整的表单应该包含两个部分：一是_____；二是_____。

二、选择题

1. 在以下哪种文本框中输入的信息是不会被直接显示的？（　　　　）

A. 单行文本域　　　　B. 多行文本域　　　　C. 密码文本域　　　　D. 数值文本域

2. 下列参数中不属于表单对象的是（　　　　）。

A. 文件域　　　　　　B. 声音域　　　　　　C. 图像域　　　　D. 文本域

三、判断题

1. 每次创建表单之前，都必须先创建表单域。（　　　　）

2．可以使用图像域替换"提交"按钮，以生成图形化按钮。（　　　　）

四、简答题

1．什么是表单？

2．表单对象必须添加在表单域中吗？

9.7 上机实训

制作一个如图 9-41 所示的调查表单。

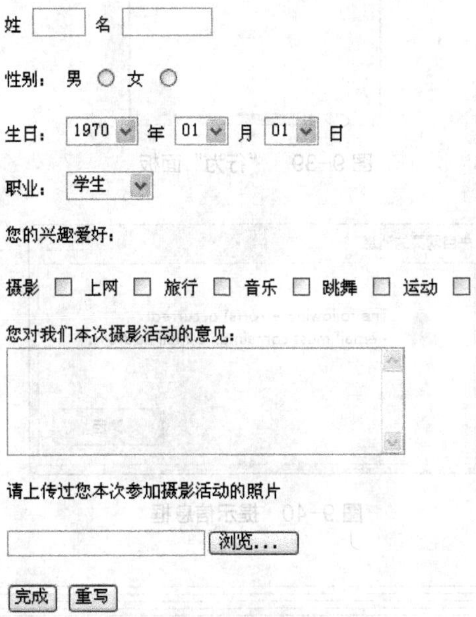

姓 [　　] 名 [　　　　　　]

性别：男 ○ 女 ○

生日：[1970 ▾] 年 [01 ▾] 月 [01 ▾] 日

职业：[学生 ▾]

您的兴趣爱好：

摄影 □ 上网 □ 旅行 □ 音乐 □ 跳舞 □ 运动 □

您对我们本次摄影活动的意见：

[　　　　　　　　　　　　　　　　]

请上传过您本次参加摄影活动的照片

[　　　　　　　　] [浏览…]

[完成] [重写]

图 9-41 页面效果图

第 10 章
模板和库

情景导入

小白在一家网页制作公司开始了她的实习生活。小白的网页制作水平提高很快，现在开始学习模板和库的相关知识。

知识技能目标

- 认识模板和库。
- 了解模板和库的作用。
- 了解创建模板和库的基本方法。

- 结合网页制作了解模板和库能够实现的功能。
- 能够运用所学知识创建基于模板和库的网页。

课堂案例展示

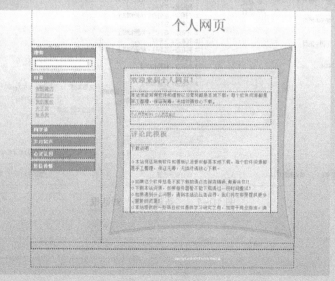

模板示意图

10.1　创建模板

模板是指具有一定共性的文档样板，用于简化常规文档的创建工作，提高工作效率。在 Dreamweaver CS6 中，可以使用模板生成风格一致、维护轻松的页面。只要改变模板，就能自动更新所有基于这个模板的网页。

在模板中包括可编辑区域和非编辑区域。可编辑区域在模板中由高亮显示的浅蓝色矩形边框围绕。利用模板创建页面时，只有可编辑区域允许用户编辑，而非编辑区域则是被锁定的。非编辑区域只能在模板窗口进行编辑，更新模板后，使用该模板创建的文档的非编辑区域才会被更新。

在 Dreamweaver CS6 中，可以将现有的 HTML 文档保存为模板，然后根据需要加以编辑、修改；或者创建一个空白模板，在其中输入需要显示的内容。模板实际上也是文档，它是以.dwt 为扩展名的文件。默认情况下，创建的模板都存放在站点根目录下的系统自动生成的名为 Templates 的文件夹中。

10.1.1　创建空白模板

在 Dreamweaver CS6 中创建模板的种类较多，这里以 HTML 模板为例介绍创建模板的方法。创建一个空白的 HTML 模板，可以用下列方法之一。

✧　选择菜单"文件>新建"命令，在弹出的"新建文档"对话框中选择菜单"空模板>HTML 模板"命令，然后单击"创建"按钮，如图 10-1 所示。

✧　选择菜单"窗口>资源"命令，打开"资源"面板，单击面板中的 📄（模板）按钮，如图 10-2 所示。在"模板"面板中，单击面板底部的 🔁（新建模板）按钮即可创建一个空白模板文档，如图 10-3 所示。

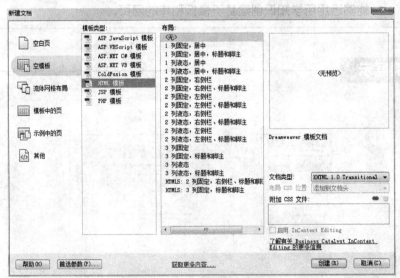

图 10-1　"新建文档"对话框

图 10-2 "资源"面板

图 10-3 空白模板文档

10.1.2 从现有文档创建模板

在 Dreamweaver CS6 中，可以将网页文档保存为模板，这样生成的模板中会带有自己已经编辑好的内容，可以省去单独创建模板所需的时间。下面以实例来介绍这种方法。

【实例 10-1】将本书附带的实例文件"web\d10\10-1.html"保存为模板。具体操作如下。

（1）在 Dreamweaver 中选择"文件>打开"命令，打开文件"10-1.html"，如图 10-4 所示。

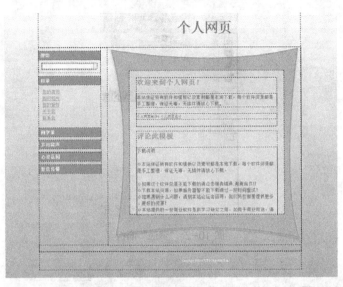

图 10-4　页面效果

（2）选择菜单"文件>另存为模板"命令，弹出图 10-5 所示的"另存为模板"对话框，在对话框中输入模板名称"down1"，并单击"保存"按钮，把当前页转换成模板。

图 10-5　"另存模板"对话框

（3）如果在文档中使用了相对 URL，系统会弹出如图 10-6 所示的对话框，询问"要更新链接吗？"，单击"是"按钮，更新链接，使其中含有链接的元素保持原有的链接。

图 10-6　提示信息对话框

（4）模板文件将被保存在站点的 Templates 文件夹下，如图 10-7 所示。同时，模板名称出现在"资源"面板下的"模板"列表中，如图 10-8 所示。

图 10-7 "文件"面板

图 10-8 "资源"面板

10.1.3 创建可编辑区域

默认情况下，新创建的模板的所有区域都处于锁定状态。只有定义可编辑区域，才能将模板应用到网站的页面中去。设置可编辑区域需要在制作模板时完成。可编辑区域可以是图像、文本或表格等。可以定义现有内容为可编辑区域，也可以插入新的可编辑区域。

设置可编辑区域时，可以把整个表格及表格中的内容设置为可编辑区域，也可以把某一个单元格及内容设置为一个可编辑区域，但不能把几个不同的单元格及内容设置为同一个可编辑区域。AP Div 与 AP Div 中的内容是分开的页面元素，把 AP Div 设置为可编辑区域，则模板应用时 AP Div 可移动；把 AP Div 中的内容设置为可编辑区域，则模板应用时 AP Div 中的内容可以被编辑。

◇ 定义可编辑区域的方法是选择菜单"插入>模板对象>可编辑区域"命令。

◇ 删除可编辑区域的方法是选择菜单"修改>模板>删除模板标记"命令。

【实例 10-2】定义已存在的模板（down1.dwt）元素为可编辑区域。具体操作如下。

（1）打开模板文件 down1.dwt，进入模板文档窗口，如图 10-9 所示。

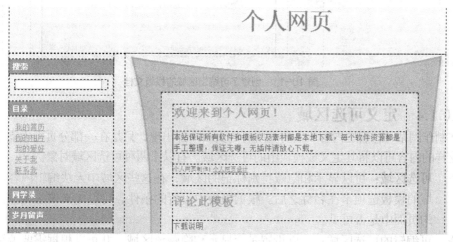
图 10-9 模板文档窗口

（2）在模板文档中，选择需要将其设置为可编辑区域的网页元素，或将光标定位在需要插入可编辑区域的位置上。本实例是选择左栏文字所在的单元格。

（3）选择菜单"插入 >模板对象>可编辑区域"命令，弹出"新建可编辑区域"对话框。在"名称"文本框中输入可编辑区域的名称，如图 10-10 所示。

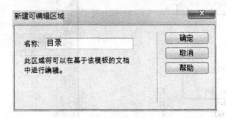

图 10-10　"新建可编辑区域"对话框

（4）单击"确定"按钮。这时在模板文档中将创建一个可编辑区域，并以浅蓝色线包围起来。

（5）再选择右边内容所在的单元格，将其定义为可编辑区域，并命名为"内容区"，如图 10-11 所示。

（6）重复上述操作可定义更多的可编辑区域。完成后保存模板文档。

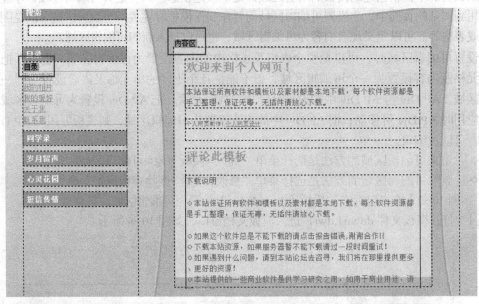

图 10-11　创建了可编辑区域的模板文档

10.1.4　定义可选区域

在制作网站时，有些内容不需要在所有的页面中都出现，只是在一部分页面中需要显示。类似这样的内容可以将其定义成模板中的可选区域。有以下两种可选区域对象。

♦　**可选区域：** 可以显示和隐藏特别标记的区域，在这些区域中无法编辑内容。可选区域的模板选项卡在名称之后。根据模板中设置的条件，可以定义该区域在其所创建的页面中是否可见。

♦　**可编辑的可选区域：** 可以设置是否显示和隐藏该区域，并可以根据需要编辑该区域中的内容。

1. 定义可选区域

定义可选区域的操作步骤如下。

（1）选择要定义为可选区域的元素。

（2）选择菜单"插入>模板对象>可选区域"命令，弹出"新建可选区域"对话框。在"名称"文本框中输入可选区域的名称。如果选择"默认显示"复选框，则表示这部分内容在基于模板的网页中显示，如图 10-12 所示。

（3）单击"高级"标签切换到"高级"选项卡，如图 10-13 所示。选择"使用参数"单选按钮，然后选择将所选内容链接到的现有参数，可以链接可选区域参数；如果要编写模板表达式来控制可选区域的显示，则可选中"输入表达式"单选按钮，然后在文本框中输入表达式。

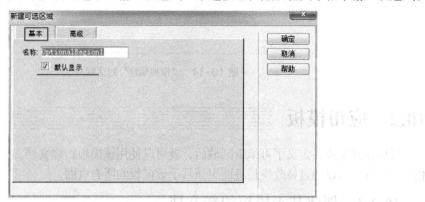

图 10-12 "新建可选区域"对话框

图 10-13 可选区域"高级"选项卡

2. 使用可选区域

在基于包含可选区域的模板的网页中，可以通过修改模板的属性来选择是否显示可选区域的内容。方法是选择菜单"修改>模板属性"命令，弹出"模板属性"对话框，勾选或取消"显示"复选框来决定可选内容的"显示"或"隐藏"，如图 10-14 所示。

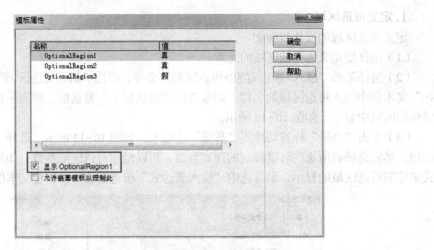

图 10-14　"模板属性"对话框

10.2　应用模板

模板创建完成并定义了可编辑区域后，就可以使用该模板新建文档，或将该模板应用到文档上。另外，可以通过修改模板进而更新基于该模板的所有页面。

10.2.1　创建基于模板的新文档

1．创建基于模板的新文档

在上一节我们将网页"web\d10\10-1.html"另存为模板 down1.dwt，并创建了可编辑区域。下面介绍使用模板 down1.dwt 制作结构相似的页面。

【实例 10-3】利用模板 down1.dwt 制作新的网页文档。操作步骤如下。

（1）选择菜单"文件>新建"命令，然后选择"模板中的页"选项卡，弹出如图 10-15 所示的"新建文档"对话框。

图 10-15　"新建文档"对话框

（2）从对话框中选择所需的模板 down1.dwt，并勾选"当模板改变时更新页面"复选框，单击"创建"按钮。

（3）根据需要对可编辑区域中的内容进行编辑，然后将文档保存为"web\d10\10-2.html"。

2．分离模板

如果要编辑基于模板的文档中的锁定区域，必须将文档从模板中分离。将文档分离之后，整个文档都变为可编辑的。

从模板分离文档的操作方法如下。

（1）打开想要分离的基于模板的文档。

（2）选择菜单"修改>模板>从模板中分离"命令即可，如图 10-16 所示。

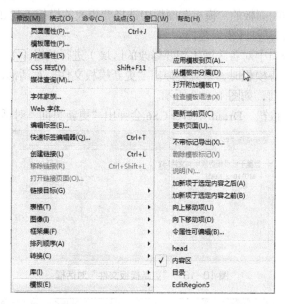

图 10-16 "修改"菜单中的"模板"级联菜单

10.2.2 对已有文档应用模板

用户不仅可以使用模板创建新文档，还可以将其应用到已有的文档上。前提是，该模板要有可编辑区域，否则在应用模板时，Dreamweaver CS6 就会弹出一个警示对话框，提示所应用的模板里没有任何可编辑区域，就不能对此文档进行任何修改。

应用模板的具体操作如下。

（1）打开一个文档，或者新建一个空白文档。

（2）选择菜单"修改>模板>应用模板到页"命令。

（3）在弹出的如图 10-17 所示的"选择模板"对话框中选择要应用于此页面的模板，再单击"选定"按钮即可。

图 10-17 "选择模板"对话框

> 提示：另外还有一种应用模板的方法，即在"模板"面板中选择要应用的模板之后，将其拖曳到编辑页面中，或者单击面板底部的"应用"按钮。

10.2.3　更新基于模板的页面

从模板创建文档或将模板应用到文档时，默认情况下勾选了"当模板改变时更新页面"复选框，这样，就可以通过修改该模板来实现更新所有这些基于模板的文档，大大提高工作效率，简化网站维护工作。

如果网站中建立了多个基于某个模板的页面，想修改其中相同的部分（即原先锁定的区域）时，可进行如下操作。

（1）在"资源"控制面板的"模板"面板中选择要更改的模板（如 down1.dwt），单击面板底部的 （编辑）按钮，打开模板窗口。

（2）在模板文档窗口中对各区域（想要修改的区域）进行编辑。

（3）修改完毕，保存模板时，系统会弹出"更新模板文件"对话框，询问是否更新所搜索到的和此模板相关的页面，如图 10-18 所示。

（4）单击"更新"按钮，Dreamweaver CS6 会弹出"更新页面"对话框，如图 10-19 所示。

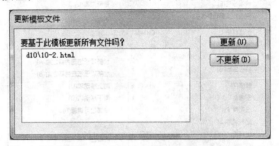

图 10-18　"更新模板文件"对话框

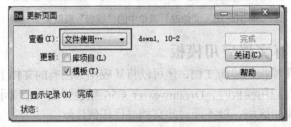

图 10-19　"更新页面"对话框

（5）在"查看"下拉列表中选择"整个站点"，并在右边的下拉列表框中选择要更新的站点名称，如图 10-20 所示，单击"开始"按钮，系统会对指定站点中所有基于模板的文件进行更新，并在"状态"文本区域中报告文件更新的情况。

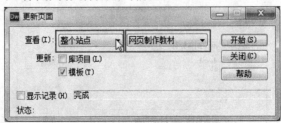

图 10-20　"更新页面"对话框

（6）如果在上述步骤（5）中的"查看"下拉列表中选择的是"文件使用…"项，并在右边的下拉列表框中选择某一模板名称，则该操作又变为更新基于指定模板的所有文档的操作了。

10.3 库项目

可以将网页中常常用到的对象转换为库项目，然后作为一个对象插到其他网页中。文本、表格、图片、声音、Flash 影片等所有构成网页文档的元素，只要是制作网页时常用的，都可以转换为库项目保存到库中。

10.3.1 创建库项目

在 Dreamweaver 中，可以将任何元素创建为库项目。库项目被保存在一个扩展名为.lbi 的文件中，所有库项目文件默认存放在站点根目录下系统自动生成的名为 Library 的文件夹下。

1. 新建空白库项目

（1）执行"窗口>资源"命令，打开"资源"面板，单击面板左侧的"库"按钮，在"库"选项中的空白处单击鼠标右键，在弹出的快捷键中选择"新建库项"选项，如图 10-21 所示。新建一个库项目，并命名为"copyright"，如图 10-22 所示。

图 10-21 选择"新建库项"选项

图 10-22 新建库项目

说明：在创建库文件之后，Dreamweaver CS6 会自动在当前站点的根目录下创建一个名为 Library 的文件夹，并将库项目文件存放在该文件夹中。

（2）在新建的库项目上双击，即可打开库项目编辑窗口。（见图 10-23）

图 10-23 打开库项目

2．将现有文档中的对象保存为库项目

将现有文档中的对象保存为库项目的操作步骤如下。

（1）在文档设计窗口中选择要保存为库项目的对象。

（2）选择菜单"修改>库>增加对象到库"命令，将选定对象添加到库中。

（3）如果选定的对象设置有样式，则系统还会弹出提示信息，如图10-24所示。

图10-24　提示信息框

（4）单击"确定"按钮后，新建的库项目就出现在库面板中，并示意用户为新建的库项目命名。

创建库项目还可以通过单击"库"面板底部的 🔁（新建库项目）按钮来创建。

10.3.2　在网页中应用库项目

创建库项目后，就可以在站点的文档中应用所创建的库项目了。这样在整个站点的制作过程中，就可以节省许多时间。

【实例10-4】将创建好的库项目应用到网页中。具体操作如下。

（1）打开本书附带的实例文件"web\d10\10-4.html"，页面效果如图10-25所示。

（2）打开"资源"面板，选择"库"项目，如图10-26所示。

（3）将光标置于页面的"Insert_img"图片占位符处。在"名称"列表框中选择"标题文字图"库项目，然后单击下方的"插入"按钮。

（4）即可将选择的库项目插入到文档中，删除相应的图像占位符。

（5）使用同样的方法插入其他图像，并保存文档，按 F12 键在浏览器中预览效果，如图10-27所示。

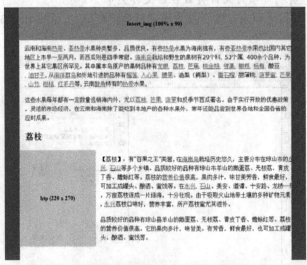

图10-25　应用库项目之前的页面

图 10-26　"库"面板　　　　　　　　　　　图 10-27　页面效果

10.3.3　编辑和更新库项目

　　如果需要修改库项目，可以在"资源"面板中的"库"选项中，选中需要修改的库项目，单击"编辑"按钮 ，如图 10-28 所示，即可在 Dreamweaver CS6 中打开该库项目进行编辑，完成库项目的修改后，执行"文件>保存"命令，保存库项目，会弹出"更新库项目"对话框，询问是否更新站点中使用了库项目的网页文件，如图 10-29 所示。

图 10-28　"资源"面板　　　　　　　　　图 10-29　提示信息框

　　单击"更新库项目"对话框中的"更新"按钮后，弹出"更新页面"对话框，显示更新站点内使用了该库项目的页面文件，如图 10-30 所示。

图 10-30　提示信息框

　　库项目的编辑窗口除了不可以设置页面属性外，其他内容和普通网页的编辑方式相同，它实际是在网页中插入了一段代码。

　　此外，Dreamweaver CS6 中的"资源"面板还包含网页中的图像、URL、Flash、颜色、影片、脚本、模板、库和 Shockwave 这 9 大类元素，用户不仅可以将网页制作中常用的元素分门别类地存储在里边，而且还可以建立模板和库文件。Dreamweaver 中有了模板，就可以将网页中相同的部分固定，制作成模板，由模板生成网页，只对变化的区域进行编辑。Dreamweaver 中有了库功能，可以将网页中的某些内容变为库项目，大大方便了后期的网页制作。

10.4　小结

　　本章结合具体实例介绍创建和应用模板及库的操作方法和管理技巧，让读者能够快速掌握所学知识并将其运用到实际的网页制作中，进一步提高制作网页的效率。

10.5　习题

一、填空题

1. 创建模板后，还应在模板中创建＿＿＿＿＿＿＿。
2. 如果要编辑文档中的锁定区域，必须执行＿＿＿＿＿＿＿＿＿操作。
3. 模板存放在根目录中的文件夹名是＿＿＿＿＿＿＿。
4. 库文件存放在根目录中的文件夹名是＿＿＿＿＿＿＿。

二、选择题

1. 模板文件的扩展名为（　　）。
A．.htm　　　　　B．.html　　　　　C．.dwt　　　　　D．.css
2. 更新模板后，基于该模板的文档的（　　）可以被更新。
A．可编辑区域　　B．非编辑区域　　C．所有元素　　　D．全部元素都不
3. 库文件的扩展名为（　　）。
A．.htm　　　　　B．.lbi　　　　　C．.dwt　　　　　D．.css
4. 在 Dreamweaver CS6 中，下面关于"资源"面板的说法错误的是（　　）。
A．有两种显示方式
B．站点列表方式下，可以把网站的所有资源显示
C．收藏列表方式下，只显示自定义的收藏夹中的资源
D．模板和库不在"资源"面板中显示

三、判断题

1. 在将模板应用于文档之后，模板将不能被修改。(　　　)
2. 在创建模板时，可以一次性将多个单元格定义为可编辑区域。(　　　)
3. 在编辑模板时，可编辑区域是可以编辑的，锁定区域是不可以编辑的。(　　　)
4. Dreamweaver CS6 中利用模板和库可以设计风格一致的网站。(　　　)
5. 站点列表方式下资源的名称都是真实的物理文件名，不允许修改。(　　　)
6. 网页应用模板后就不能手动修改了，只能修改模板。(　　　)

四、简答题

1. 什么是模板？什么是库？它们在网页中各起到什么作用？
2. 模板文件默认是保存在站点的"Templates"文件夹中，能否将其移动到其他位置存放呢？

10.6 上机实训

　　创建如图 10-31 所示的模板，将其中所有文件部分均设置为可编辑区域，所有图像均设置为库。然后创建基于该模板的文档。

图 10-31 页面效果图

PART 11

第 11 章
站点的发布

情景导入

小白在一家网页制作公司开始了她的实习生活。小白的网页制作技术提高得非常快，已经准备发布站点了。

知识技能目标

- 认识站点的发布流程。
- 了解注册域名和申请空间的操作。
- 了解站点取出与存回的相关操作。

- 结合实际需要了解能够实现网页上传的方式方法。
- 能够运用所学知识实现站点的上传与维护。

课堂案例展示

上传的网页示意图

11.1 站点的测试

网站制作完成后，在正式上传之前，还有一项重要工作需要做，就是网站的测试。网站测试的内容很多，例如，不同的浏览器能否正常浏览网站页面、网站页面在不同分辨率下显示的效果是否正常、网站中是否存在空链接或断开链接等。完成网站的测试之后，再将网站上传到 Internet 服务器上，这样就能够在因特网中浏览到该网站了。

11.1.1 检查浏览器的兼容性

经常上网的用户也许能注意到，同一个网页在不同的浏览器中显示的效果可能会有所不同，甚至会报页面错误信息。因此，我们在制作网页时要特别注意浏览器对该网页是否兼容。通常情况下，网页中的文字、图像等元素在不同浏览器中的兼容性不会存在什么问题，但 CSS 样式、Div、行为等，在不同的浏览器中会存在比较大的差异，因此制作和测试网页时要特别注意这些因素。

Dreamweaver CS6 提供了网页的浏览器兼容性检查功能，可以检测出在不同浏览器中网页的显示情况。

【实例 11-1】检查网页的浏览器兼容性。具体操作如下。

（1）打开本书附带的实例"web\d11\11-1.html"，以该页面为例介绍检查浏览器兼容性的操作方法。执行"窗口>结果>浏览器兼容性"命令，打开"浏览器兼容性"面板，如图 11-1 所示。

图 11-1 "浏览器兼容性"面板

（2）单击"浏览器兼容性"面板左上角的绿色三角按钮 ▶，在弹出的菜单中选择"检查浏览器兼容性"选项，如图 11-2 所示。Dreamweaver 会自动对当前文件进行目标浏览器的检查，并显示出检查结果，如图 11-3 所示。

图 11-2 选择"检查浏览器兼容性"选项

图 11-3 显示检查结果

（3）单击"浏览器兼容性"面板左上角的绿色三角按钮 ▶，在弹出的菜单中选择"设置"选项，如图 11-4 所示，会弹出"目标浏览器"对话框，如图 11-5 所示，从中选择不同的浏览器版本进行测试。

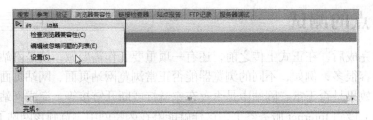

图 11-4 选择"设置"选项

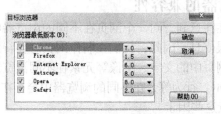

图 11-5 "目标浏览器"对话框

11.1.2 检查链接

检查链接是站点测试的一个重要项目，可以使用 Dreamweaver 检查一个页面或者部分站点，甚至整个站点是否存在断开的链接。

【实例 11-2】检查网页链接。具体操作如下。

（1）打开本书附带的实例"web\index.html"，以该页面为例介绍检查链接的操作方法。执行"窗口>结果>链接检查器"命令，打开"链接检查器"面板，如图 11-6 所示。

（2）单击"链接检查器"面板左上角的绿色三角按钮 ，在弹出的菜单中选择"检查当前文档中的链接"选项，如图 11-7 所示。检查完成后将在"链接检查器"面板中显示出检查结果，如图 11-8 所示。

图 11-6 "链接检查器"面板

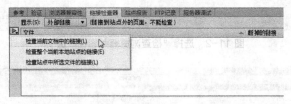

图 11-7 选择"检查当前文档中的链接"选项

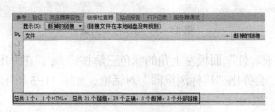

图 11-8 显示检查结果

（3）从检查结果可以看到总共有 31 个链接，29 个正确，还有 2 个外部链接没有检查，因此我们需要进行外部链接的检查。单击"断掉的链接"下拉按钮，打开下拉菜单，如图 11-9 所示，从中选择"外部链接"。

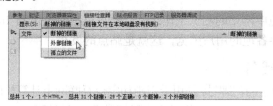

图 11-9　选择"外部链接"

（4）检查结果显示 2 个外部链接不在站点内，不能检查，如图 11-10 所示。

图 11-10　显示检查结果

11.1.3　生成站点报告

在 Dreamweaver CS6 中，可以对当前网页、选定的文件、整个站点的工作流程或 HTML 属性运行站点报告。报告对话框中可显示文件信息、HTML 代码信息等相关内容，从而便于网站设计者对网页文件进行修改。

【实例 11-3】生成站点报告。具体操作如下。

（1）打开本书附带的实例"web\index.html"，以该页面为例介绍生成站点报告的操作方法。执行"站点>报告"命令，打开"报告"对话框，如图 11-11 所示。

（2）在"报告"对话框中勾选需要显示的选项，然后单击"运行"按钮，即可打开"站点报告"面板，生成站点报告，如图 11-12 所示。

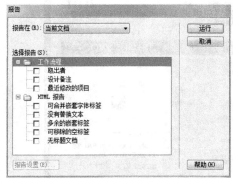

图 11-11　"报告"对话框

图 11-12　"站点报告"面板

11.2 站点的发布

在完成了本地站点中网站的测试工作之后，就可以将之上传到 Internet 服务器上，形成真正的网站，以供世界各地的用户浏览，这就是站点的发布。

11.2.1 注册域名

域名类似于互联网上的门牌号，是用于识别和定位互联网上计算机的层次结构式字符标识，与该计算机的互联网协议（IP）地址相对应，但相对于 IP 地址而言，域名更容易理解和记忆。域名属于互联网上的基础服务，基于域名可以提供 WWW、E-mail 及 FTP 等应用服务。

申请域名需要注意以下几点：

（1）容易记忆；

（2）要和客户的商业有直接关系；

（3）长度要短；

（4）使用客户的商标或企业的名称。

注意了这些，我们就可以让用户轻易记住我们的域名，同时又可以借助域名与商业的关系，相互宣传，一举两得。

11.2.2 申请空间

网站空间有免费空间和收费空间两种，对于初学者来说，可以先申请免费空间使用。但免费空间有一定的限制，比如域名不能随心所欲、网站空间受限等。下面我们以一个实例来说明这个问题。

【实例 11-4】在 http://www.3v.cm/网站中申请一个免费的空间，并注册域名 nnsun.free3v.net。具体操作介绍如下。

（1）在浏览器的地址栏内输入网址"http://www.3v.cm/"，按回车键后即进入申请页面，如图 11-13 所示，单击"免费注册"进入免费空间相关条款页面。

图 11-13 免费空间 3v.cm 首页

（2）单击页面上方导航栏中的"免费注册"，会弹出免费注册页面，如图 11-14 所示。仔细阅读其中的条款，然后单击"我同意"按钮，可进入下一个界面，如图 11-15 所示。

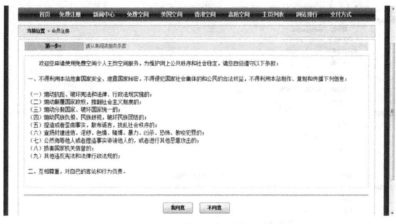

图 11-14 免费空间申请页面

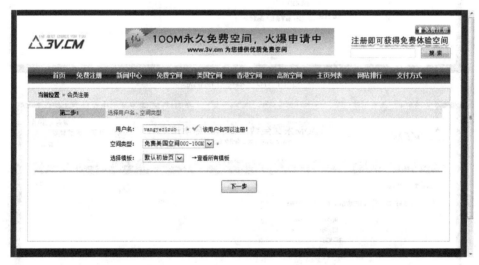

图 11-15 注册申请信息

（3）在图 11-15 中要进行如下的操作：输入用户名（本例为 wangyezizuo）、选择空间类型、选择模板，设置完成后单击"下一步"按钮。

（4）进入第三步页面，在这个页面中，需要按要求填写一些相关信息，如图 11-16 所示。填完提交确认，系统返回相关用户名、免费域名、密码（自己要记住）参数，如图 11-17 所示，整个申请注册工作就结束了。这仅仅是一个例子，在选择空间的时候，还要考虑一些因素，如该站点的服务器是否支持 CGI、SQL 等等。

注意：不同的网站提供的步骤和界面不一定相同，但申请注册结束后一般都会得到三个重要的参数：申请的域名、用户名和密码，其中后两个参数是用来登录、管理自己空间的用户名和密码，同时也是上传网站的用户名和密码。

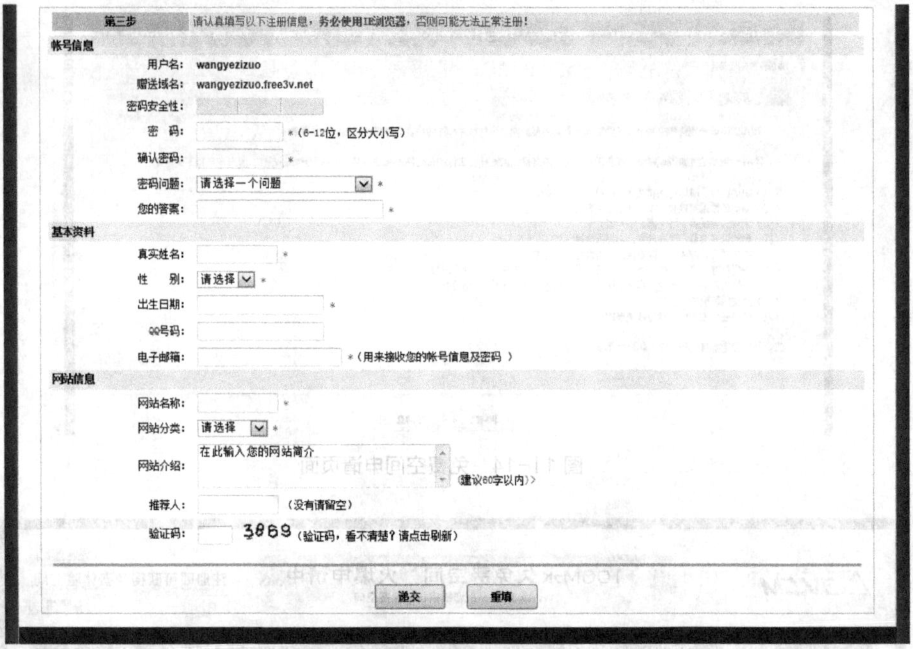

图 11-16　填写注册信息

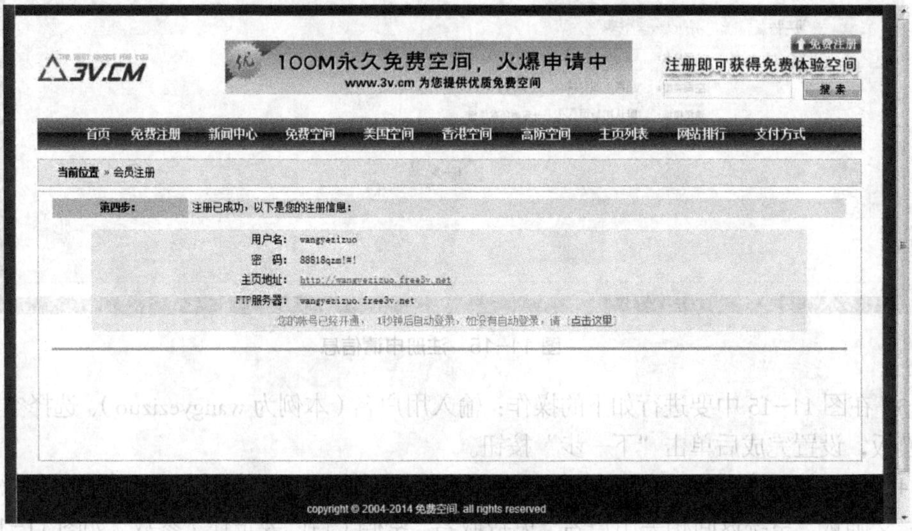

图 11-17　注册页面

11.2.3　上传网站

使用 Dreamweaver 可以上传和下载网页文件。使用其他工具，如常用的 CutFTP、FlashFXP 等也可以上传网页文件。下面我们先以使用 Dreamweaver 为例，介绍上传网站的具体方法。在上传网站之前，首先必须在 Dreamweaver 的站点中为本站点设置远程服务器信息，然后才可以上传。下面通过实例做具体说明。

【实例 11-5】将本书附带的站点"网页制作教材"上传到 Internet 上。具体操作如下。

（1）单击"文件"面板上的"展开以显示本地或远端站点"按钮 ，打开 Dreamweaver 的站点"文件"面板，如图 11-18 所示。执行"站点>管理站点"命令，弹出"管理站点"对话框，如图 11-19 所示。

图 11-18　站点"文件"面板

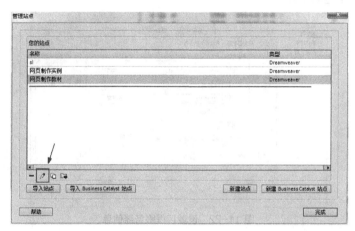

图 11-19　"管理站点"对话框

（2）在图 11-19 中，选择"网页制作教材"站点，单击"编辑"按钮，弹出"站点设置对象"对话框，选择"服务器"选项，如图 11-20 所示，单击"添加新服务器"按钮，弹出服务器设置窗口，如图 11-21 所示。

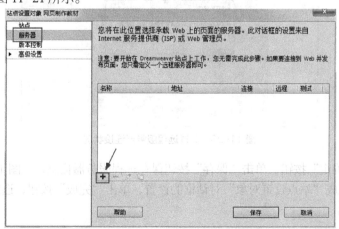

图 11-20　"站点设置对象"对话框

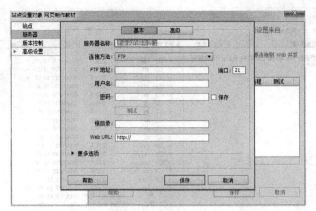

图 11-21　服务器设置窗口

（3）在服务器设置窗口中输入远程 FTP 地址、用户名和密码，如图 11-22 所示。单击"测试"按钮，测试远程服务器是否连接成功，如果连接成功，会弹出提示对话框显示远程服务器连接成功，如图 11-23 所示。

图 11-22　设置远程服务器信息

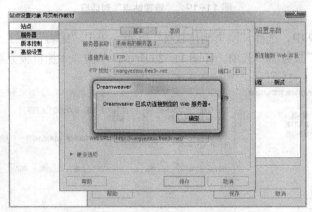

图 11-23　测试远程服务器连接状况

（4）单击"确定"按钮，单击"保存"按钮保存远程服务器信息，如图 11-24 所示。单击"保存"按钮，完成"站点设置对象"对话框的设置，单击"完成"按钮，返回"文件"面板，如图 11-25 所示。

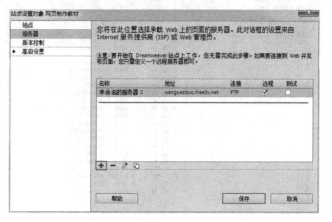

图 11-24　"站点设置对象"对话框

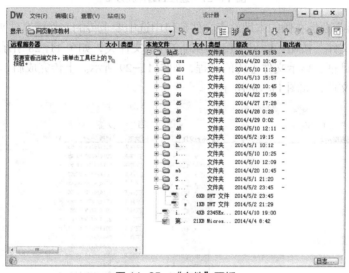

图 11-25　"文件"面板

（5）单击"文件"面板中的"连接到远程服务器"按钮，弹出"后台文件活动"对话框，显示正在连接到远程服务器，如图 11-26 所示。成功连接到远程服务器之后，在"文件"面板的左侧窗口中将显示远程服务器目录，如图 11-27 所示。

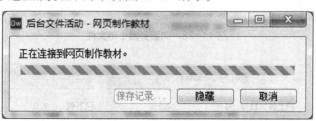

图 11-26　"后台文件活动"对话框

图 11-27 连接到远程服务器

（6）在"文件"面板右侧的本地站点文件窗口中选中要上传的文件或文件夹，然后单击"向远程服务器上传文件"按钮，即可上传选中的文件或文件夹，如图 11-28 所示。此时弹出"后台文件活动"对话框，显示文件上传的进程，如图 11-29 所示。上传完成后，在远程站点中会出现刚刚上传的文件，如图 11-30 所示。

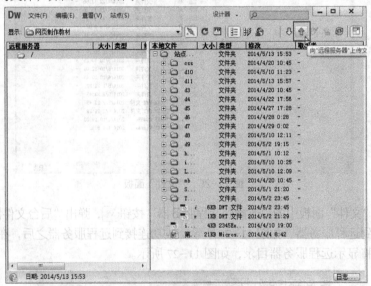

图 11-28　向服务器上传文件

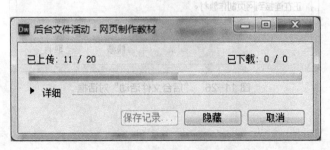

图 11-29　"后台文件活动"对话框

图 11-30　远程站点中显示已经上传的文件

11.3　站点的后期维护

当将网站上传到因特网上后，就要定时对其进行相应的维护。随着站点规模的不断扩大，对站点的维护也将变得更加困难，这时便需要许多人分别对站点的模块进行维护，这也就涉及了合作与协调的问题。针对这种情况，Dreamweaver CS6 提供了存回和取出功能，方便了团队的流水化作业，以确保同一时间只能由一个维护人员对网页进行操作。

11.3.1　激活取出和存回功能

【实例 11-6】为本书附带的站点"网页制作教材"激活存回与取出功能。具体操作如下。

（1）执行"站点>管理站点"命令，弹出"管理站点"对话框，选择"网页制作教材"站点，如图 11-31 所示，单击"编辑"按钮，弹出"站点设置对象"对话框，选择"服务器"选项，如图 11-32 所示。

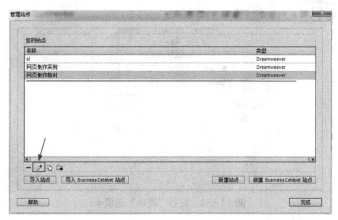

图 11-31　"管理站点"对话框

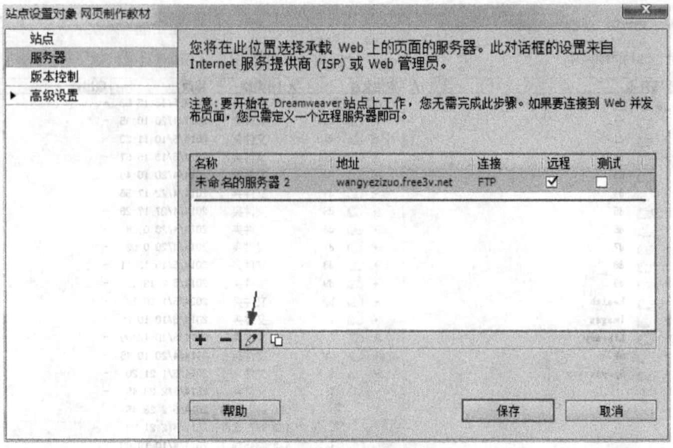

图 11-32 "站点设置对象"对话框

（2）选中所设置的远程服务器，单击"编辑"按钮，弹出远程服务器设置窗口，如图 11-33 所示。切换到"高级"选项卡，选中"启用文件取出功能"复选框，并对相关选项进行设置，如图 11-34 所示。

图 11-33 远程服务器设置窗口

图 11-34 设置"高级"选项卡

（3）单击"保存"按钮，保存远程服务器信息的设置，再单击"保存"按钮，保存"站点设置对象"对话框的设置，单击"完成"按钮，关闭"管理站点"对话框，即可完成取出和存回功能的激活。

11.3.2 取出

取出就是将当前文件的权限归属自己所有，使其只供给自己编辑。这样被取出的文件对别人来说将是只读的。

在站点窗口中选中要取出的文件，执行"站点>取出"命令，或者单击站点窗口工具栏上的"取出"按钮 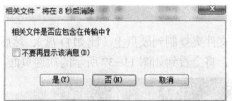 ，即可将其取出，以供自己独立编辑。如果选中的文件中引用了其他位置的内容，会出现提示对话框，提示用户选择是否要将这些相关的引用内容也取出，如图11-35所示。取出后的文件名称前有一勾选符号，文件信息最后显示取出者的用户名，如图 11-36所示。

图 11-35 "相关文件"对话框

图 11-36 被取出的文件

11.3.3 存回

存回同取出操作正好相反，它表明放弃对文件权限的控制。在对文件存回之后，其他维护人员就可以将其取出进行编辑了。

存回的文件对于自己而言是只读的，不能再编辑它，直到被别人再次存回为止。在站点窗口中选中要存回的文件，执行"站点>存回"命令，或直接单击站点窗口工具栏上的"存回"按钮 ，即可将其存回，存回的文件项前面出现一锁形标记。

11.3.4 取消取出和存回操作

如果用户将一份文件取出，但是突然又不想编辑它，则可以取消取出操作，以便别人可以编辑，具体的方法如下。

选中自己取出的文件，执行"站点>撤消取出"命令，就可取消对该文件的取出操作，用户可以看到，该文件项前面出现了锁形标记，表明文件实际上被存回了。

如果被存回的文件尚未被其他维护人员修改，就可以将其取出，这自然也就取消了其存回的状态。

11.4 综合实例

浏览本书示例网站"风声水起·北部湾"，根据所提供的素材和下述步骤，将网站制作完成，并上传到 Internet 上。

1. 浏览站点主要页面

将下载的素材"web"文件夹复制到硬盘上（比如 D 盘），然后打开 "web" 文件夹，双击其中的"face.html"文件，将会看到如图 11-37 所示的欢迎页面。

图 11-37 示例网站欢迎页面示意图

单击欢迎界面中的"ENTER"，可以进入主页 index.html，如图 11-38 所示。

图 11-38 风生水起·北部湾主页

选择导航栏上的"北部湾概念"下的"旅游资源"，可以看到 ly.html 页面，如图 11-39
所示。

图 11-39　旅游资源页面

单击导航栏中的"北部湾城市>南宁>南湖"，进入"nh.html"二级页面中，如图 11-40 所示。

图 11-40　南湖页面

单击导航栏中的"经济合作论坛>第五届"，进入第五届北部湾经济合作论坛页面，如图
11-41 所示。

图 11-41　第五届经济合作论坛页面

单击导航栏中的"北部湾文化>东盟博览会"，进入东盟博览会页面，如图 11-42 所示。

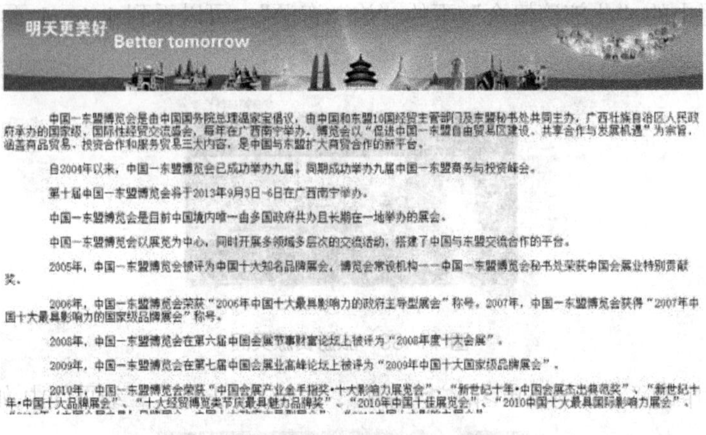

图 11-42　东盟博览会页面

了解了网站的大致结构之后，开始进入网站的编辑和制作阶段。

根据手上收集到的资料，决定将网站建成以介绍为主的网站。有了这个方向，就可以开始网站的策划工作了。

2．网站结构设计

首先确定网站的结构。这一步工作可以用笔在纸上根据要求画出结构草图，直到满意为止。如本网站的结构经过多方构思，最后确定结构如表 11-1 所示。

表 11-1　网站结构表

	一级栏目	二级栏目	三级栏目
引页（index.html）	首页	无	无
	北部湾概念	旅游资源 （lyzy.html）	无
		战略地位 （zldw.html）	无
		规划纲要 （ghgy.html）	无
	北部湾城市	北海 （beihai.html）	无
		南宁 （nn.html）	南湖（nh.html） 会展中心（hzzx.html）
		钦州 （qinzhou.html）	无
		防城港 （fangcheng.html）	无
	经济合作论坛	第七届 （diqij.html）	无
		第六届 （diliuj.html）	无
		第五届 （diwuj.html）	无
	北部湾文化	东盟博览会 （dmblh.html）	无
		民歌艺术节 （mgysj.html）	无

3.设计页面布局草图

页面布局方案就是如何将整个网页"填满"，包括设计各个网页元素的位置等。可以用表格的形式将首页和其他几个主要页面的结构草图设计出来，这个步骤也是先在纸上勾画，直到满意后再用布局表格布局，精确计算布局尺寸。如图 11-43 所示是主页 index.html 的布局设计草图。

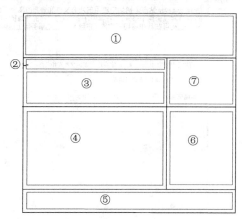

图 11-43　主页布局设计草图

在主页的布局设计草图上，将布置以下几个部分网页元素：

① 版头 Flash；

② 导航栏；

③ 新闻 Flash 版块；

④ 新闻标题；

⑤ 版权信息；

⑥ 图片；

⑦ 滚动文字通告。

4．网页素材的准备

根据网站结构设计与各级页面的设计准备素材。

（1）文字与图片的收集。

建立简明易识、易记的文件夹来保存网站要用到的文档、图像、动画、音频及视频文件。考虑到网络传输状况，图像文件不宜过大，应该事先经过处理。

（2）图片的定制。

网页中的许多图片需要量身定做，如主页中的标题图片与图标等，均需要使用 Fireworks 或 Photoshop 定做。定制图片要满足清晰、容量小的要求；尽量采用 jpg 或者 gif 格式的图片，对于其他格式的图片，可以先转换格式再使用；对于较大的图片，可以将图片切割为若干个组成部分来显示。

（3）Flash 动画的定制。

网站中的动画最好能突出主题，起到画龙点睛的作用。要想达到这个效果，大多数动画需要定做的，如 index.html 页面中的标题动画就需要量身定做。

（4）建立库项目。

网页中经常用到的项目如版权说明等，我们事先将其定义为库项目，以备制作网页时重复使用。

5. 建立站点

使用"站点定义向导"创建一个名为"风生水起·北部湾"的本地站点。具体操作如下。

（1）启动 Dreamweaver CS6 程序，选择"站点>新建站点"命令，弹出如图 11-44 所示的对话框。

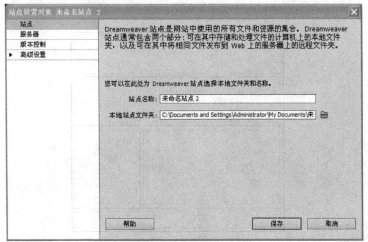

图 11-44　新建站点对话框

（2）在对话框中输入站点名称，选择本地站点文件夹。在本例中的"站点名称"文本框中输入"风生水起·北部湾"，然后选择本地站点文件夹为"H：\web\"，如图 11-45 所示。

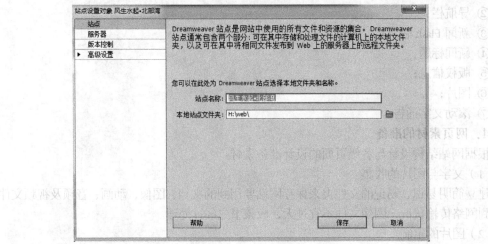

图 11-45　定义网站名字

（3）单击"保存"按钮，结束新建一个本地站点的操作，如图 11-46 所示，目前我们新创建的站点中还不包含任何文件，否则就可以以将"文件"面板当成 Windows 系统中的资源管理器，对站点的所有文件和文件夹进行打开、删除、复制和粘贴等操作。

图 11-46 "文件"面板显示的站点内容

6. 建立网站目录结构

在创建的站点"风生水起·北部湾"下，创建网站的目录结构。具体操作步骤如下。

（1）在"文件"面板中选取站点名称"风生水起·北部湾"，然后单击鼠标右键，在弹出的快捷菜单中选择"新建文件夹"选项，在出现的文件夹的名称栏中输入"images"，"images"文件夹就创建完成了。

（2）用同样的方法创建文件夹"flash""chengshi""wenhua"等。

（3）在"文件"面板中选取站点名称"风生水起·北部湾"的本地目录 H：\web 目录后单击鼠标右键，在弹出的快捷菜单中选择"新建文件"选项，在面板中出现的 untitled.ht 位置输入"index.html"，按回车键，即创建了"index.html"主页文件。

（4）重复步骤（3）的方法，再创建文件"face.html"等页面，得到如图 11-47 所示的一级目录结构。

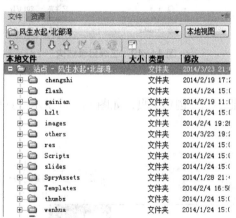

图 11-47 站点"风生水起·北部湾"的一级目录

（5）在一级栏目的文件夹下，用上述方法创建二级栏目对应的文件和文件夹，得到如图 11-48 所示的二级目录结构。

图 11-48　二级目录结构

（6）依照上述方法创建三级目录结构，如图 11-49 所示。

图 11-49　三级目录结构

7．首页制作

为站点"风生水起·北部湾"创建主页，如图 11-50 所示。具体操作如下。

图 11-50　网站"风生水起·北部湾"的主页

（1）根据构思好的网页结构，绘制出主页的布局草图。

（2）启动 Dreamweaver CS6，按 F8 键打开"文件"面板。

（3）在"文件"面板左边的列表中选取"风生水起·北部湾"站点。

（4）新建文件名为 index.html 的文档，进入"index.htm"网页文件的编辑窗口。

（5）为了突出北部湾的气息，设置网页背景为蓝色。在"index.htm"网页文件的编辑窗口选择空白处，单击"属性"面板上的 ▣ 页面属性... ▣ ，外观 CSS 的背景颜色属性值设置为 #629CDB，单击"确定"按钮。

（6）根据布局草图，用"布局表格"方式进行页面布局，如图 11-51 所示。

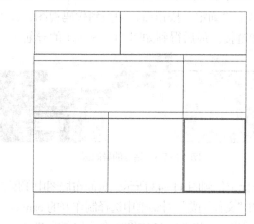

图 11-51　用"布局表格"方式布局页面

（7）在"文档"工具栏的"标题"文本框中输入网页的标题"风生水起·北部湾"，如图 11-52 所示。

图 11-52　设计网页标题

（8）插入图像。事先用图像处理工具设计好标题的图像，再选择"插入>图像"命令，从弹出的"选择图像源文件"对话框中选择图像文件，单击"确定"按钮，插入导航区上方的图像和正文中的图像，如图 11-53 所示。

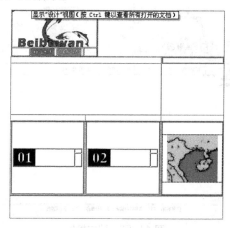

图 11-53　向页面中添加图片

（9）编辑主页的内容。为了让访问者能开门见山地了解到北部湾的总体情况，在主页中加入些介绍性的文字，并根据页面主题设置文字属性。

（10）创建导航区。

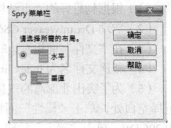

- 插入导航菜单。将光标在要设置导航的地方，选择"插入>spry>spry 菜单栏"命令，在弹出的"spry 菜单栏"对话框中选择水平的导航菜单布局样式，如图 11-54 所示。

- 编辑导航菜单。单击"确定"按钮后，切换到代码视图，设置导航区的一级菜单和二级菜单，并添加链接。最后得到如图 11-55 所示的导航区。

图 11-55　站点的导航区

（11）插入 Flash。将光标定位到图 11-43 所示的页面布局图中①所在的位置，选择"插入>媒体>SWF"命令，在弹出的"文件浏览"对话框中选择制作好的 banner.swf，即可完成版头 Flash 的添加工作。用同样的方法可以插入图 11-43 中③所在的位置的 Flash。

（12）在版权区输入"版权所有：《网页制作教材编辑组》 设计制作：编者 下载范例图片"，将其设置为居中对齐，并对文字"编者"设置邮件链接，对文字"下载范例图片"设置下载链接。

至此，"风生水起·北部湾"的主页就制作好了。

8.　模板工具的使用

相似页面的制作我们将借助模板工具。

通过模板来创建和更新网页，有助于设计出风格一致的网页，可以大大提高工作效率，也可以使网站的更新维护轻松许多。

（1）创建模板。

将主页修改后另存为"模板 mb.dwt"。头尾固定，中间添加可编辑区域，如图 11-56 所示。

图 11-56　建立模板

（2）使用模板创建 gainian 目录下的二级页面"ghgy.html"。

● 打开二级页面 ghgy.html（在创建站点目录时已经建立，只不过是空白的而已）， 打
开"资源"面板中的"模板"项，选取文件"mb.dwt"，单击面板下边的"应用"按
钮，如图 11-57 所示。

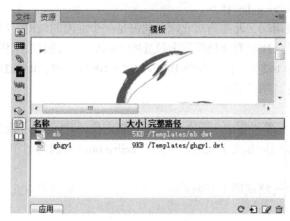

图 11-57 应用模板创建网页

● 在可编辑区域用表格进行布局，加上文字、图片，如图 11-58 所示。

图 11-58 应用模板效果

● 保存网页，按 F12 键预览结果。

用同样的方法可以建立 gainian 目录下的二级页面 ly.html 和 zldw.html。

9．用 Div 进行布局

在"风生水起·北部湾"网站中，使用 Div 布局页面 beihai.html。首先在页面空白处单击
定位插入点，选择"插入-布局对象-Div 标签"命令，在弹出的"插入 Div 标签"对话框设置
完成后，切换至代码视图。在 Div 标签后加入 Div 的数个属性值，加入后如下代码所示：

<div align="center" style="width:220px;height:150px;position:absolute;left:50px;top:50px;
z-index:1" >

<img src=images/61fb.jpg height="150">

</div>

以上代码使用 Div 标签设定图片 61fb.jpg，使用绝对值定位，属性为左边距 50px，垂直边距 50px；

<div align="left" style="width:750px;height:150px;background:#9CF;position:absolute; left:270px; top:50px; z-index:1" >

北海，位于广西最南端，北部湾东北岸，北海是一个浪漫的城市。风光旖旎，气候宜人，让人流连忘返。它还是一座具有亚热带滨海风光的美丽城市，拥有中国优秀旅游城市的称号。面积：3337km2。人口：162 万。位于东经 108°50′45″ ~ 109°47′28″，北纬 21°29′ ~ 21°55′34″之间。北临钦州，东北临玉林，东邻湛江。

</div>

以上代码使用 Div 标签设定文字版块，使用绝对值定位，属性为左边距 270px，垂直边距 50px。再定位其余的三张图片和文字段落，即完成 beihai.html 页面的制作。

10. 测试站点

站点建好后，要经过测试确保准确无误方可发布。本章前部分对此有详细介绍，这里不再赘述。

11. 站点发布

发布站点有多种方法，除了上文详述的 Dreamweaver CS6 自身具有的发布方法外，还可以用 FTP 软件进行站点发布，本实例将采用 FlashFXP 软件进行站点发布。

站点发布前必须做的前期工作是申请域名和空间。我们找到了一个提供免费空间的网站 http://www.3v.cm，从中申请了域名 http://wyzz0000.free3v.com、FTP 用户名 ftp.free3v.com 和密码。接下来就是使用 FlashFXP 发布站点的具体步骤。

（1）启动 FlashFXP。

（2）选择"站点>站点管理器"命令，弹出"站点"管理器对话框，单击左下角的"新建站点"按钮，弹出新建站点对话框，输入站点名称"风生水起·北部湾"，单击"确定"按钮，如图 11-59 所示。

图 11-59 FlashFXP 创建新站点

（3）在弹出的对话框中按提示输入站点名称、FTP 主机地址（IP 地址）和 FTP 站点密码，设置本地路径，其他设置按默认即可，如图 11-60 所示。

图 11-60 按要求输入名称、IP 地址等信息

（4）单击"连接"按钮，提示成功连接到 FTP 空间后，右窗口中会出现一个名为"/"的虚拟根目录，所有文件应放在"/"目录中，首页文件名为 index.html 或 default.html。在左窗口浏览本地文件，选定本地网站的目录（文件），将要上传的目标拖曳到右窗口，就可以开始上传了。如果希望上传后目录名（文件名）与原目录名（文件名）不同，可以在左窗口使用鼠标右键单击选择本地网站的目录（文件），在弹出的快捷菜单中选择"上传为"命令，可以修改上传后的目录名（文件名）。如图 11-61 所示，是整个网站上传完毕的界面。

图 11-61 网站上传完毕

（5）网站上传成功后，就可以在浏览器中输入网址"http://wyzz0000.free3v.com"访问网站了。

11.5 小结

本章介绍了使用 Dreamweaver CS6 测试站点、上传站点及站点后期维护等相关知识，同时也详细介绍了申请域名和空间的基本方法。站点建好后，要检测无误后方可上传，在上传网站之前必须先申请域名和空间。

11.6　习题

一、填空题

1. 网站建好后，需要_____，才能被用户浏览。

2. 上传网站之前，必须进行_____、_____和_____等操作。

二、判断题

1. Dreamweaver CS6 具有检测浏览器兼容性的功能。(　　　)

2. Dreamweaver CS6 不具备维护功能，维护工作需要在外挂的数据库中完成。(　　　)

三、简答题

1. 网页文件的大小对网页的浏览有没有影响？

2. 域名都是英文的吗？有没有中文域名或其他语种的域名？